设 / 计 / 人 / 类 / 学 / 丛 / 书

主　编：段胜峰　执行主编：李敏敏　执行副主编：王胜利

设计学+人类学：

人类学和设计学的汇聚之路

DESIGN+ANTHROPOLOGY:
Converging Pathways in Anthropology and Design

[美] 克里斯汀 · 米勒（Christine Miller） 著
肖 红 郁思腾 译

中国轻工业出版社

图书在版编目（CIP）数据

设计学＋人类学：人类学和设计学的汇聚之路／（美）克里斯汀·米勒著；肖红，郁思腾译．—北京：中国轻工业出版社，2021.9

ISBN 978-7-5184-3418-3

Ⅰ．①设…　Ⅱ．①克…　②肖…　③郁…　Ⅲ．①设计学②人类学　Ⅳ．①TB21　②Q98

中国版本图书馆CIP数据核字（2021）第034518号

责任编辑：毛旭林　　责任终审：张乃柬　　整体设计：锋尚设计
策划编辑：毛旭林　　责任校对：吴大朋　　责任监印：张　可

出版发行：中国轻工业出版社（北京东长安街6号，邮编：100740）
印　　刷：艺堂印刷（天津）有限公司
经　　销：各地新华书店
版　　次：2021年9月第1版第1次印刷
开　　本：710×1000　1/16　印张：11
字　　数：260千字
书　　号：ISBN 978-7-5184-3418-3　定价：58.00元
邮购电话：010-65241695
发行电话：010-85119835　传真：85113293
网　　址：http://www.chlip.com.cn
Email：club@chlip.com.cn
如发现图书残缺请与我社邮购联系调换
181404K2X101HYW

“设计学+人类学”是一个重要的里程碑，它创造了一个全新的、重要的、融合了艺术与智力探究的领域……无论是人类学家还是设计师，读这本书都会受益良多。

艾伦·W. 巴托（Allen W. Batteau），美国韦恩州立大学

米勒将各种各样的声音编织成一个丰富的叙述，从而巧妙地阐明了人类学和设计学之间的界限……对于那些对人类学和设计学的交叉领域感兴趣的人来说，这是一本必备读物。

克里斯蒂娜·沃森（Christina Wasson），美国北得克萨斯大学

本书中，克里斯汀·米勒弥合了设计师和人类学家之间的鸿沟，描述了创建协作创新网络的方法，在创新的阴阳之间建立了交叉学科的研究路径。

皮特·A. 格鲁尔（Peter A. Gloor），美国麻省理工学院（MIT）

设计学+人类学

本书探讨了设计学和人类学两门学科的演变以及它们在商业和组织机构领域的融合。本书聚焦超学科领域的设计人类学，分析了促使其诞生的各种力量及条件，介绍了为其发展做出了卓越贡献，以及可能塑造其未来的人们。克里斯汀·米勒（Christine Miller）在书中谈及了新实践的发明与传播、设计中民族论研究的再语境化以及人类学理论和方法论应用的创新等问题。她思考了人类学和“以设计师为主的”实践的相遇会如何影响这两门学科的发展。本书为学生、学者和实践者提供了宝贵的见解，帮助他们了解设计人类学这一新兴领域产生和发展的历程，并预测了在各种力量对设计学、人类学产生持续影响的语境下，未来这两门学科之间关系的发展和走向。

克里斯汀·米勒 是美国伊利诺伊理工学院斯图尔特商学院创新方向的临床副教授。她的研究兴趣包括社会性和文化性如何影响新产品、新工艺和新技术的设计与传播。她的研究涉及：以科技为媒介的交流，在多学科小组、团队及网络中知识的传递以及协作创新网络（COINs）的产生。

序　言

特摩斯·德·瓦尔·梅勒菲特（Timothy de Waal Malefyt）/丛书编辑

设计更合理的人类学：打造更具启发性的创新过程

商业人类学是一门尚在形成中的（Ingold，2013）[①]新兴交叉融合学科（Baba，2006）。这门交叉融合学科正在快速发展，部分原因是设计人类学的不断壮大，而设计人类学正是市场创新的一个主要源头。从克里斯汀·米勒这本颇具启发性的书中，我们了解到设计人类学将人类学的关注点与设计研究联系起来，这种方法利用人类学家的特殊本领来“看穿”消费者行为，揭示更深层次的动机，再反过来将这些洞察用于促进消费者与产品之间的互动。作为两门独立学科，设计学和人类学的融合激活了设计人类学的发展，因为这两门学科能相互促进，用英戈尔德（Ingold）的话来说，是“相互契合”的（Ingold，2013）。克里斯汀·米勒的这本新作全面追溯了设计人类学诞生过程中的历史纠葛及其未来潜力。同时，我们也认识到这一跨界融合的汇聚之路的出现，是得益于人类学、设计学以及资本主义所发生的巨大变革。下面我将简要回顾一下这些发展历程，以及在这些变革时期，设计人类学是如何为各类

① 括号中的表述是指行文作者引用的观点的出处，即原作者名和发表观点的年份。

企业、以及在其中工作的商业人类学家们提供创新机会的。

正如米勒在书中提到的，人类学研究在20世纪80年代发生了转折。那时的人们不再将关于商品和服务的文化与消费研究视为对文化的威胁，而是认为它们提供了一种有启发性的研究视角。新的调查认为，消费是消费者表达创造性和多样性的有效手段（Baba，2006）。人类学家丹尼尔·米勒（Daniel Miller）（1995，1997，2005）认为，关于消费与物质的文化是一种当代手段，人们用它来展示文化认知以及相互关联。与早期研究所担忧的，由大众市场的胁迫和资本主义的操纵所引发的威胁相反（Horkheimer & Adorno，1969；Klein，2000），新的人类学研究认为消费者是某种“主动阐释者”（interpretive agents），他们努力创建新的生活方式，这些方式推翻了占主导地位的消费主义规范、或者说是公然挑战了企业权力（Arnould & Thompson，2005）。消费者不再被视为“被动受骗者”（passive dupes）（Sherry，2009：90），而是被重塑为主动参与者和有价值的研究对象。在变革发生的转折时期，许多企业的营销模式从以产品为导向转为以消费者为导向，将消费者作为主体置于营销的中心（Kotler & Armstrong，2016）。在这一语境中，从事研究的人类学家的角色也从社会结构的被动观察者和阐释者，变成了主动参与者，并积极推动了社会和文化的变革。

同时，我们也意识到设计学经历了重生并逐渐获得认可，它从之前以物为中心的“形态赋予者”（form givers）、单纯的产品“制造者”（makers）（Owen，2006）变成了以消费者为中心的介入者（interventionists）。从事品牌、产品、服务的设计师成为了新资本主义关于创新和未来发展的议题中的头号玩家（Thrift，2005）。如米勒所说，参与式设计不仅“需要创造新的方式来提取和凝练出‘可能性’的概念，还需要探索新的途径来促进并引导动态变化”。设计师们正在介入日益复杂的多维语境，涉及社会、文化、环境、经济、政治、科技等因素。米勒进一步介绍了设计实践现在已经意识到并开始讨论如何帮助年轻设计师去应对各种复杂的情况，这不仅包括关系到某项产品或服务的“用户”（即以人为本的设计），还包括从系统层面去思考设计产品对人类、环境和社会的影响。关注这些前沿问题的设计人类学家善用新的分析工具和方法，乐于接受并为世界带来巨大的技术变革、创新变革和环境变革。设计创新和消费者参与成为了设计人类学家实施改变的方式，这些方式会影响到资本主义实践和消费者市场。下面，我从接受新科技、创新的必要性以及消费者协作这三方面来分析设计人类学家的做法。

首先，设计人类学家在消费者市场尝试融入新科技，比如大数据的引入，传感器、智能手机和其他电子设备的应用等，都为企业和消费者之间的关联提供了更好的服务。“日常生活美学”已发展到了越来越看重事物“外观和感觉”的阶段（Featherstone，2007）。情感化设计随处可见，“……它们正愈发地个性化且程度日益加剧”（Postrel，2003：5）。三星公司和其他企业已通过重新设计家用电视的方式在市场大获成功，他们将其定义为美学意义上“有设计感的家具”，而不再是简单的智能电子设备（Madsbjerg & Rasmussen，2014：155 ~ 157）。设计人类学家还帮助数据分析员搭建起大数据之间的关联，不是因为大数据具有不可思议的运算能力，而是因为它可以通过转化客观性的数据来解读消费者主观性的认知。大数据“在混乱中创造意义，讲述引人入胜的故事并预言未来”，从而给现代性增添了“魅力”（Malefyt，2017：2）。微软分析员使用技术手段来分析，不是因为它的速度和规模，而是因为技术手段可以揭示出与其他数据和人员的关联性。商业人类学家达娜·博伊德（Dana Boyd）和凯特·克劳福德（Kate Crawford）指出，“大数据，从科学层面上来说似乎给人以一种客观、理性的印象，但事实上它具有高度的社会性”（Dana Boyd & Kate Crawford，2011：1）。这是设计师和人类学家合作的另一种方式，他们在数据、人群或信息结构间建立经验联系，以此来帮助理解社会模式并进行创新。

其次，在全球商业化盛行的时代，设计人类学家亦处于创新的前列。他们在实地研究中不断尝试新的视角，提出新的方法和分析框架，并根据原始数据梳理出新的理论。在资本主义寻求不断变化的发展网络时，创新被视为企业成长、经济繁荣甚至社会幸福感的关键（Ingold & Hallam，2007：1）。创意产品设计有助于增强企业竞争力，如果他们不能持续更新所提供的产品和服务，改革创造方式或者交付手段，他们就可能被其他尝试改革的企业取代（Tidd & Bessant，2009）。创新成为了设计的当务之急，因为作为商业来源的“知识”不再是“被动存储的”，或被局限在僵化的模式里，而是随时准备着激活“技术–艺术”的生活变革（Thrift，2006：281）。创新设计和设计人类学学者创造的主动式知识成为了企业打造核心竞争力的手段，因为创新不仅仅是为了资本积累，更是一个持续的、不枯竭的过程。

最后，“设计师与消费者合作主导创新”这一新模式的出现，不仅帮助商业提高了全球市场竞争力，还解决了尖锐的环境和社会问题。源自“消费者与生产者互动”的创新通常会引领社会幸福感提高。“通过参与各种集体的创造意义的活动，包括收集、订阅、体验”（Thrift，2005：7），消费者有望更多地投入到消费行为本身。在“以用户为中心”的创新实践中，各种机构能更好地利用商业活动中的用户参与，和基于用户的商业产品服务社区的理念，来帮助企业根据客户的需求及愿望对产品进行调整，并占据市场的有利地位。如埃里克·冯·希佩尔（Eric von Hippel）所说：

以制造商为中心的开发系统近百年来一直是商业的支柱，以用户为中心的创新过程为其提供了巨大优势。创新的用户能够准确开发出他们想要的产品，而不是依赖制造商（他们通常表现得都不完美）作为他们的代理人。此外，用户并不需要事事亲力亲为：他们可以从其他人开发并免费分享的创新中受益。

（2005：1）

因此企业更喜欢激发消费者的想法（例如星巴克的星享俱乐部）。作为奖励，他们会给消费者提供更好的基础服务和更多的服务创新。比如，谷歌向程序员和黑客提出挑战，要求他们渗透其软件，这帮助了谷歌改进他们的产品。适应型（Miller，1997）和实验型（Thrift，2006）企业都呼吁更多的创新和互动实践，鼓励设计人类学家介入，以推动全球资本新格局的形成。

米勒在其富有说服力且透彻的研究中，论及了个人的、社会的、科技的、环境的变化，她将这些和其他结构以及近年来适应性的变化结合在一起，揭示了人类学和设计学之间千变万化的关系。她还进一步提出了另一种设计学和人类学的方法，一种开放的新兴的民族志，融合了关于产品、社会和人类的各种创新分析。她的研究为创新和实践的方方面面提供了新的思路，即一种精心设计的人类学模式怎样更好地介入消费、消费者干预和企业责任等领域。

参考文献

Arnould, E. and C.J. Thompson. 2005. Consumer Culture Theory (CCT): Twenty Years of Research. *Journal of Consumer Research*, 31 (March), 868–882.

Baba, Marietta. L. 2006. Anthropology and Business. In H.J. Birx (Ed.), *Encyclopedia of Anthropology*. Thousand Oaks, CA: Sage Publications.

Boyd, D. and K. Crawford. 2011. Six Provocations for Big Data. Paper Presented at Oxford Internet Institute's Symposium on the Dynamics of the Internet and Society. http://ssrn.com/abstract=1926431.

Featherstone, M. 2007. *Consumer Culture and Postmodernism* (2nd Ed.). Los Angeles: Sage.

Horkheimer, Max and Theodor W. Adorno. (1944) 1969. *Dialectic of Enlightenment*. New York: Seabury Press.

Ingold, Tim. 2013. *Making: Anthropology, Archaeology, Art and Architecture*. New York: Routledge.

Ingold, Tim and Elizabeth Hallam. 2007. Creativity and Cultural Improvisation: An Introduction. In Elizabeth Hallam and Tim Ingold (Eds.), *Creativity and Cultural Improvisation*, 1–24. Oxford: Berg.

Klein, Naomi. 2000. *No logo: Taking Aim at the Brand Bullies*. New York: Picador.

Kotler, Philip and Gary Armstrong. 2016. *Principles of Marketing* (16th Ed.). Englewood Cliffs: Pearson.

Madsbjerg, C. and M. Rasmussen. 2014. *The Moment of Clarity*. Cambridge, MA: Harvard Business Press.

Malefyt, Timothy de Waal. 2017. Enchanting Technology, Guest Editorial. *Anthropology Today*, 33 (2), 1–2. (April).

Miller, Daniel. 1995. *Acknowledging Consumption*. London: Routledge.

———. 1997. *Capitalism—An Ethnographic Approach*. Oxford: Berg.

———. 2005. *Materialism, Politics, History and Culture*. Raleigh: Duke University Press.

Owen, Charles. 2006. Design Thinking: Notes on Its Nature and Use. *Design Research Quarterly*, 1 (12), 16–27.

Postrel, V. 2003. *The Substance of Style*. New York, NY: Harper Collins.

Sherry, John F., Jr. 2008. The Ethnographer' s Apprentice: Trying Consumer Culture from the Outside In. *Journal of Business Ethics*, 80, 85–95.

Thrift, Nigel. 2005. *Knowing Capitalism*. London: Sage.

———. 2006. Re-Inventing Invention: New Tendencies in Capitalist Commodification. *Economy and Society*, 35, 2, 279–306.

Tidd, J. and J. Bessant. 2009. *Managing Innovation: Integrating Technological, Market, and Organizational Change*. Chichester, UK: John Wiley & Sons.

Von Hippel, Eric. 2005. *Democratizing Innovation*. Cambridge, MA: MIT Press.

前　言

本书旨在探索和构建设计人类学这一超学科领域，该领域在两门独立学科的影响下诞生并发展。佐伊·安纳斯塔基斯（Zoy Anastassakis）和芭芭拉·萨尼埃基（Barbara Szaniecki）（2016）认为这两门学科发生了重要转折，从而诞生了这种独特的指导实践与理论的方法：

> 因此，尽管从民族志的角度看，人类学是一项记叙性的实践活动，但从设计学的角度看，人类学的实践是双向驱动的，同时，也不应像传统设计师那样，仅仅局限于预知未来趋势。为了从单向预知转为双向驱动，研究重心必须从形式本身转向建构的过程。从这个角度来看，设计创新力并非取决于预设方案的新颖程度，而是取决于世人适应不断变化的生活环境的能力。
>
> （2016：124–125）

为了揭示设计人类学的潜力以及它面临的挑战，人们做了大量工作。来自设计人类学网络项目的研究和实践成员，已经把研究主题拓展到了“从时间和未来的角度重新思考设计”，该项目是丹麦皇家艺术学院、奥胡斯大学以及南丹麦大学共同合作的一个项目（Kjaersgaard等，2016：5），同时也期待在未来，可以通过合作实验、推测和即兴创作等方式，将人类学的关注点转移到“可能性的民族志”上（Halse，2013：182–183）。

其他各类机构组织也为设计人类学做出了贡献，比如EPIC（民族志实践行业会议：Ethnographic Praxis in Industry Conference）网络和会议，为来自不同领域的研究者们提供了知识共享的平台，包括任职于企业、政府、非营利性组织的人类学家、设计师、民族志学家等；由纳塔莉·汉森（Natalie Hanson）创建于2002年的雅虎设计人类学社团，是一个已拥有近3000名成员的基于实践的共享平台（Hanson，2017），为会议和交流提供了虚拟空间。

写这本书是我的一段个人旅程，它使我重新审视了自己非正统的学术专业道路。我个人的学术研究并没有走单一的学科路径，因此设计人类学这一跨领域的学科无疑是我的最优选择。我有幸与其他研究者合作，不再局限于采用传统的观察、报告和制定解决方案的模式，而是深入到为未来政策的制定和出谋划策中。能为设计人类学的发展尽一份绵薄之力，我感到非常兴奋。

把人们和他们的日常生活当作研究对象听起来或许有些过时，大数据的盛行使这种方法愈发显得黯然失色，统计分析和算法生成的硬数据日益成为支配人们选择的决定性力量。但也有人提醒我们，"无论我们掌握多少硬数据，如果不关注其涉及的人类行为，我们的观点将是苍白无力的"（Madsjberg，2017：x）。人类学和设计学方法、理论、实践的超学科融合提供了一种认知方式——一种获取对人类行为深层次认知的方式——同时也是一种将设计创造力带入生活的方式，从而使人们更好地应对个人和集体生活中不断变化的环境。

设计人类学"作为一个有凝聚力的领域正在不断发展壮大……对于其现有资源来说，这既是机遇也是挑战"（Murphy & Marcus，2013：251）。本书意在延伸并开放对话范围，使更多的人参与进来，以促成研讨社区的持续发展。

参考文献

Anastassakis, Z. and B. Szaniecki. 2016. Conversation Dispositifs: Towards a Transdisciplinary Design Anthropological Approach. In R.C. Smith, K.T. Vangkilde, M.G. Kjaersgaard, T. Otto, J. Halse, and T. Binder (Eds.), *Design Anthropological Futures*, 121–138. New York: Bloomsbury.

Hanson, N. 2017. Origins of Anthrodesign. Retrieved from https://nataliehanson.com/2017/01/09/origins-anthrodesign/.

Madsjberg, C. 2017. *Sensemaking: The Power of the Humanities in the Age of Algorithm*. New York: Hachette Books.

Murphy, K.M., & G.E. Marcus. 2013. Epilogue: Ethnography and Design, Ethnography in Design...Ethnography by Design. In W. Gunn, T. Otto, and R.C. Smith (Eds.), *Design Anthropology: Theory and Practice*, 251–267. New York: Bloomsbury.

致　谢

每本书的背后都有一群人，正是他们对作者的信任与支持才使得书稿顺利完成。虽然他们每个人都独具个性，但遗憾的是，致谢却常常是统一惯例的。没有这群人的友情出演，本“书”或许永远不会出版。向所有提供灵感、动力和能量的人、事、物致谢，是我表达谦逊和感激的必然之举。

首先，感谢特摩斯·德·瓦尔·梅勒菲特要求我写这本书。我试图在事物形成过程中捕捉到些许有价值的信息，这让我既兴奋又担心，而往往后者更多些。但是，这项挑战的诱惑又使我难以抗拒。作为当代学科，人类学和设计学仍在继续发展。之前从未出现过设计学和人类学的融合，也从未出现过这种趋势。然而，设计人类学这个独特的跨学科领域出现了。记录这一新方法的成长与发展，为研究它如何在不断更新的理论和实践中进一步传播和发展提供了契机。

我还要感谢肯·里奥贝尔（Ken Riopelle）的合作，他分析了为设计人类学提供了结构和基础的动态社交网络。肯在动态社交网络分析工具上的专长使我们能够构思出一个故事，它讲述了设计人类学作为一种创新学科正在进行的融合，以及它被公认为一个新兴跨学科领域的前景。

本书的完成也离不开许多其他人的不断鼓励。尽管他们并不确定我到底在写什么，但来自朋友、家庭、往届学生和同事的热切期待促使我坚持下来。特别感谢我的好友达格玛·劳伦兹（Dagmar Lorenz），在无数个晚餐闲聊中，她向我分享了当作家的经历，并帮助我不断坚定信念。当然，我最感激的莫过于我美丽的女儿，杰西卡·奈普·克鲁兹（Jessica Knapp–Cruz），和我的丈夫大卫·A·米勒（David A. Miller），他们孜孜不倦地阅读、校对，帮我做图表和索引，并提出建议，他们是我坚实的后盾。爱你们——你们都很了不起。

克里斯汀·米勒

芝加哥，伊利诺伊

2017年4月

目　录

图表目录

图

表

引　言

如果说无序破坏了模式，那么它也为模式提供了原料。秩序意味着限制，意味着在所有可能的原料中只能进行有限的选择，在所有可能的关系中只存在一个有限集。因此无序也意味着无限，模式还未曾在其中建立过，但却不排除这种可能。这也是为什么我们在寻求建立秩序的同时，并未粗暴地谴责无序的原因。我们意识到无序既可能破坏模式，也可能建立新的模式。它既象征着危险，又象征着力量。

（Douglas，2002：117）

混乱，纯粹与危险

生活在这样一个脚下的大陆板块正在移动着的世界里，我们很容易接受“挑战边界”的概念，特别是挑战学科的边界。毕竟，学科是社会的现象，并不存在于自然界。学科是一种“社会建构”，旨在界定出一个专业的知识和实践领域，表现的是社会群体对意义和重要性的共同理解（Berger & Luckman，1967）。在许多领域，相对独立的学科之间已经出现了渗透性的边界突破，随着专业的发展，许多跨学科领域相继出现，比如，生物工程学、商业人类学和设计人类学。划分明确的学科界限一度被打破，使得这些看起来不太可能会出现的融合学科需要进一步的阐释。这有点异域情调：奇特，非正统，甚至有些美妙。

这些融合领域就需要我们重新思考如何定义和介绍自我，这需要根据不同专业的设置来具体分析。如果我和人类学家共事，我会倾向于说自己是商业人类学家或设计人类学家；如果我与设计师共事，我会定义自己的身份是人类学家；如果我与商业人士共事，我可能会说自己是人类学家。但如果我称自己是设计人类学家，情况则会很快变得复杂起来。在人类学领域，这也许会招致褒贬不一的评价。或许设计师更乐于接受这一身份，但也会质疑我究竟是不是一位设计师；商业人士也许会完全一头雾水，想着一位人类学家最初是怎么出现在这里的。但我真的可以被称为设计人类学家吗？也不完全是。这太牵强了，至少设计人类学在美国商界并不怎么出名，甚至在人类学界也是如此。

我并不是在倡导重返学科间有明确界限的舒适区，也不认为对挪用概念与方法的潜在越境者需要严阵以待[1]。无序会招致混乱，这不足为奇。我的目的是提供背景，讲述另一个版本的故事——关于设计人类学诞生的原因和方式，现状，及其未来可能的发展轨迹。为此我必须先提出几个基本问题：什么是设计人类学？这种人类学研究和设计实践的融合，尤其是在特定的语境中是如何实现的？为什么设计人类学的实践者、理论者会认同自己的这种身份？成为一位人类学家意味着什么？面对自己，面对领域内外的实践者和理论者，以及面对公众时，设计人类学家应该如何解释这项工作的意义、重要性和必要性呢？另外，他们如何与团队成员和客户交流并阐述自身贡献的独特价值呢？于是，故事就此展开。

本书内容

本书介绍了设计人类学这个超学科领域，分析了促使其诞生的各种力量及条件，以及为其形成和发展做出卓越贡献的人们。本书探讨了设计学和人类学这两门学科的演变，以及它们与商业、社会和各种机构的融合，同时还讨论了有关新实践活动的研发和推广、在设计领域民族志研究的再语境化、人类学和设计研究与实践的融合，以及人类学介入的变革的趋势。本书最后还探讨了人类学和“设计师式的认知方式”（Cross，2006）之间在所思所做上的冲突和交锋，会如何影响了这两门学科的演变。最后，它探讨了设计人类学这个新兴学科的规范化进程，以及在各种动态力量的影响下这两门学科间关系的发展趋势。

本书并不满足于仅描述“从民族志视角获取信息的设计”（Blomberg & Burrell）——它呈现出的是人类学家和设计师的早期合作模式，本书更侧重于探索当下改变人类学家传统身份的实践，它试图颠覆人类学家作为参与性观察者、倡导者和批评者的角色。本书中所讨论的几个情境片断也让人们清楚地认识到这种新颖独特的“认知方式”（Otto & Smith，2013）正在诞生，这些情境片断呈现的是如何将设计学的原则和实践与人类学的研究整合在一起。书中部分章节提供了描述这项工作的实践和行为（Praxis）[2]探索：用于解决问题的视角和框架，以及人类学家收集、分析、整合研究结果的方法。这些方法为人类学介入和转换人们的生活方式、人与人以及人与地球的关系提供了机会。

许多文献都记载了人类学的发展逐渐将人类学实践拓展至商业领域。（比如，Robinson，1994；Wasson，2000；Blomberg&Burrell，2009；Cefkin，2009；Suchman，2011）。然而，在美国，通过人类学研究和设计实践的融合以及设计师和人类学家之间超学科的合作，设计人类学作为一种

"独特的认知方式"（Cotto & Smith 2013：10）、思考方式和行为方式却只受到较少关注。由于人类学家、设计师、民族志学家群体的不断壮大及共同努力，设计人类学作为一个新兴领域正被越来越多的人所认可。在介入和转换方法论的支撑下，设计人类学被认为是一种包含了民族志研究和文化分析的独特形式。尽管这些合作性的网络遍布世界，但只有个别实践中心、教学中心和学术中心明确地定义、阐释了该领域[3]。这个领域尚且"年轻"（Otto & Smith，2013：11）。尽管目前，在美国被明确定义为设计人类学家的实践者和学者的人数还相对较少，但正在逐渐增加。尽管这显然是个跨学科领域，但他们的工作通常被认为从属于商业人类学。作为一种由新的实践、方法和日益丰富的文献所定义的独特认知方式，设计人类学在美国的自我认知水平还无法与世界其他地区（特别是欧洲）比肩。

有鉴于此，本书旨在进一步传播和阐明设计人类学是一种独特的研究和知识生产领域，代表了社会科学领域，特别是人类学领域的一条发展轨迹。我的目的是在不断丰富的文献基础上，挖掘前人对当代民族志研究的线索，从而加深我们在社会、商业语境中对文化分析的理解。许多线索贯穿起来就形成了我们所谓的设计人类学。本书的目标就是以有意义、有凝聚力的方式将它们继续汇集到一起。

作为对前人和今人所付出努力的汇总，本书有三个目的：第一，从美国的主要优势出发，探索塑造设计学和人类学发展的力量和条件，使两个学科在商业领域、机构组织领域和制度领域的交汇成为可能。第二，追溯设计人类学作为一种独特实践形式的诞生历程。最后，致力于使设计人类学成为一个全球实践社区，该社区将是一个独特的、局域化的协作创新网络。

目标人群

本书的目标人群十分广泛。虽然本书旨在使人类学家、设计师、设计人类学家之间进行持续的对话，但也希望能吸引不同领域的从业者的关注，这些从业者可能想了解设计人类学是什么，为什么人类学家在学术界之外的当代环境越来越受重视，以及为什么许多公司都在接受超越形式和美学的设计。这本书将对企业和机构中正在设置的或打算设置的多元学科（pluridiciplinary）团队成员提供助益[4]，这些团队成员包括人类学家、设计师、工程师、营销人员和其他商业人士。本书希望将设计过程介绍给人类学家，将民族志实践——人类学的标志性方法论，介绍给设计师。最后，本书还希望与人类学、设计学专业的学生进行对话，这些学生正在思考快速变化的环境会对他们的学科发展造成怎样的影响，以及他们在职业生涯中能获得怎样的机会。

我写这篇文章的时候，正巧碰上一些设计师和人类学家呼吁为双方25年的合作喊"暂停"。在这时写有关设计人类学的内容是十分有趣的，这两门学科都决定各退一步，重新部署并权衡这种密切的跨学科交流的成本与收益。在设计学与人类学相对短暂的相遇中，很多成果都是正在进行的实验与创新的产物。人们在一边回溯历史，一边又期望着建构当下的意义框架时，常常会即兴创作出一些新方法。实践出真知。

在反思设计学和人类学之间的关系时，墨菲（Murphy）和马库斯（Marcus）指出这种关系是"不对称的，因为人类学几乎完全服从于设计学的需要"（2013：252），这种不平衡有助于解读两个学科之间的相似或"相关联"（correspondences）之处，以及两者间的不同之处，包括它们独特的过程、时间取向（Otto & Smith，2013：17–18）、工具和对成功的态度。

鉴于民族志作为人类学当代工作标志性方法的地位和成果，现在似乎正是权衡这两个学科相互关联的成本与收益的时候，这也是人类学更广泛评估的一部分。我希望本书能继续实践与学术间的对话，思考这种亲密的学科接触的利弊。关键是要记住这两门独立的传统知识接触时间较短，也就是说，大部分还属于实验性的合作阶段。实现超学科合作是一项漫长的实验，其中包含无数的曲折、彻底的失败以及零星的成功，久而久之，才可以定义为一种独有的实践模式。学科禁忌被打破了，比如将人类学描述的重点转移到介入上。然而，在联系紧密且网络化的复杂世界中，保持紧密联系和迅速反应的紧迫性推动着人们不断发明、试验、测试和验证。

因此，人们仍在不断努力使设计人类学成为一个自身具有凝聚力的领域，“既能强化和提升其构成元素，也能批判性地对它们进行挑战。”（Gunn等，2013：251）本书意在延伸并开放对话范围，使更多的人参与进来，以促成该研究社区的持续性发展。

本书结构

本书共有五个章节。第一、二章节以历史的眼光探索了人类学和设计学的融合，从各自的领域分别追寻设计人类学的起源。第三章提出了适用于设计人类学的八条新原则。第四章调查了构成设计人类学的组织机构和网络，以及促成这两门学科融合的重要人物，他们将设计人类学的理念引入客户项目、帮助同事和朋友启动各种策划和方案、创建共享信息的论坛，并且研发向学生们介绍人类学实践和理论的学术项目。第四章运用社会网络分析的方式，为设计人类学当下及未来可能的发展轨迹提供了展望。在与网络分析员肯·里奥贝尔共同研究这些轨迹的过程中，我们可以识别并分析这些驱动革新的社会网络，也可以推测这个领域可能的发展前景。鉴于“未来所有民族志研究都将通过其实践者的工作展开”（Murphy & Marcus，2013：265），在这部分，还调查了学习和实践中心的现状，侧重于关键人物、网络、论坛和核心贡献者的重要价值，以及机构在未来设计人类学家教育和培训中的作用。

第五章陈述了观察结论，旨在鼓励进一步的探讨。从当前的有利形势看，我们可以在传统机构和商业领域中识别新兴的实践者以及各种实践、教育和学习中心。要想捕捉这一新兴领域的动态情况是很有挑战性的。当前，有这么多的研究者、论坛、组织都在参与这一新兴领域的研究，要能“正确理解它”，就好比搭上一列正在飞驰的火车，而其目的地是由乘客来决定的。欢迎上车！

注释

[1]“把货车围成一圈”（circle the wagons）是指北美边境在马拉篷车队受到攻击时的做法。敌人进攻时，人们会将大篷马车或“有篷”货车围成一圈，为其保护的人们和财产提供庇护。在这里，这个短语暗示了一个学科感知到自身的纯粹性受到入侵或攻击时的反应。

[2]“行为”（praxis）是一个拉丁术语，用来描述理论和实践相互联系的过程，或如何在实践中运用和展现技能和知识。

[3]新兴的活动中心包括加州大学欧文分校的民族志中心；澳大利亚维多利亚州斯温伯恩科技大学；芝加哥设计学院；丹顿北得克萨斯州大学。设计人类学的研究网络包括丹麦皇家建筑艺术学院，奥胡斯

大学和南丹麦大学，由丹麦研究委员会资助两年。(https://kadk.dk/en/center-codesign-research/research-network-design-anthropology.)

[4] 在描述团队特征时，我使用术语“多元学科”(pluridiciplinary) 来强调多学科 (multidisciplinary)，交叉学科 (interdisciplinary)，超学科 (transdisciplinary) 团队之间的性质差异。虽然这三种形式都由来自多个学科的成员组成，但当团队的性质未知时，则使用多元学科 (pluridisciplinary) (Choi & Pak，2006)。

参考文献

Berger, Peter L. and Thomas Luckmann. 1967. *The Social Construction of Reality: A Treatise in the Sociology of Knowledge*. New York: Anchor Books.

Blomberg, Jeanette and Mark Burrell. 2009. An Ethnographic Approach to Design. In A. Sears and J.A. Jacko (Eds.), *Human-Computer Interaction: Development Process*, 71–93. Boca Raton, FL: CRC Press.

Cefkin, Melissa (Ed.). 2009. *Ethnography and the Corporate Encounter: Reflections on Research in and of Corporations*. New York: Berghahn Books.

Choi, Bernard C.K. and Anita W.P. Pak. 2006. Multidisciplinary, Interdisciplinary and Transdisciplinary in Health Research, Services, Education and Policy: 1. Definitions, Objectives, and Evidence of Effectiveness. *Clinical and Investigative Medicine*, 29(6), 351–364.

Cross, Nigel. 2006. *Designerly Ways of Knowing*. London: Springer-Verlag.

Douglas, Mary. 2002. *Purity and Danger: An Analysis of Concepts of Pollution and Taboo*. New York: Routledge.

Gunn, Wendy, Ton Otto, and Rachel C. Smith (Eds.). 2013. *Design Anthropology:*

Theory and Practice. New York: Bloomsbury.

Murphy, Kevin and George E. Marcus. 2013. Epilogue: Ethnography and Design, Ethnography in Design···Ethnography by Design. In W. Gunn, T. Otto, and R.C. Smith (Eds.), *Design Anthropology: Theory and Practice*, 251–267. New York: Bloomsbury.

Otto, Ton and Rachel C. Smith. 2013. Design Anthropology: A Distinct Style of Knowing. In W. Gunn, T. Otto, and R.C. Smith (Eds.), *Design Anthropology: Theory and Practice*, 1–31. New York: Bloomsbury.

Robinson, Rick E. 1994. Making Sense of Making Sense: Frameworks and Organizational Perception. *Design Management Journal*, 5, 8–15.

Suchman, Lucy A. 2011. Anthropological Relocations and the Limits of Design. *Annual Review of Anthropology*, 40, 1–18.

Wasson, Christina. 2000. Ethnography in the Field of Design. *Human Organization*, 59(4), 377–388.

第一章　使陌生的熟悉化，使熟悉的陌生化

一、概述

本章旨在回顾人类学在两次世界大战和新千年开始的几十年间的演变，聚焦于有关设计人类学及其起源的人物、事件和讨论。在这个动荡时期，许多人物、地点、事件、期刊文章、书籍、会议和讨论共同塑造了人类学，尽管不可能将他们全部囊括，但本书涵盖了呈现出主要范式转变的重大事件，并解释设计人类学如何成为以及为何成为今天这样的原因。“今天”这个词在为这本书做研究时反复出现。就本章而言，“今天”被理解为“当下”，托比亚斯·里斯（Tobias Rees）（2008b）将其定义为“一个历史的、开放的时刻，这个时刻所拥有的或曾经拥有的正在改变，至少是潜在地改变。”因此，本章旨在捕捉拉比诺等人提及的残余的（residual）、主导的（dominant）、新兴的（emergent）这三个范畴的人类学动态现状。

本章描述了人类学随时间发展的轨迹，这些轨迹为人类学与设计学的相遇创造了可能性，并最终形成了设计人类学这个超学科领域。由于它们促成了这一事件的发生，其相关历史和当下的讨论也预示着新的分支学科的出现，例如：商业人类学和设计人类学。它们为人类学在设计

学领域和由设计驱动的创新领域的定位，以及设计人类学的前景提供了背景（Lucy Suchman，2011）。

设计人类学是一个新兴的超学科领域，它将人类学方法、理论、框架和批评与设计原则和实践相结合，以解决当代社会、机构和组织面临的日益广泛且复杂的系统层面的问题。设计人类学的领域延伸到了人类学和设计学之外，它的实践者、学者涉及多门学科，他们来自商界、社会机构和学术界，使用描述性和生成性的研究工具（Gunn，2008；Kilburn，2013）、通用的理论和方法论以及共享的工作实践。设计人类学借鉴了许多认知传统、哲学理论和多学科知识。然而，设计人类学的核心包含了根植于设计学和人类学两个主要领域的各种原则。这套不断发展的原则包括：参与式设计、能够创造社会现实的集体参与活动（比如，设计师Halse的设计实践）（Kapferer，2010）、能将过去、现在和未来交织在一起的一种介入式和转换式的人类学实践方法、设计原则以及创新实践反思和批判。最后，这套原则还包括一种不断进化的道德规范，它试图消解当前设计创新的殖民化趋势（Tunstall，2013）。这些原则随着人类学和设计学发展与试验的不断演进，形成了一种将研究付诸行动的独特的超学科实践形式。

二、设计人类学中的人类学根源

人类学一直是一个充满活力的研究领域，正在不断发展。在人类学一百多年的发展历史中，一直充斥着对人类、社会、文化的不同研究方式所引起的争论。以下部分旨在把奠定设计人类学基础的线索汇集起来，它们不仅使设计人类学成为了人类学发展过程中的独特表现方式，也找到了两个不同研究领域的共同属性。除了追溯设计人类学与传统人类学和人类学家之间的关系，以及关于人类学与设计驱动型创新相结合的讨论，本章还揭示了影响设计人类学进程的对话和力量，作为一系列人类学研究的演变形式中的一种，这种"独特的认知方式"，建立在日益丰富且基于实践的理论基础上。

关于设计人类学起源于人类学的探讨，必然会超出美国的语境范畴。在欧洲，也有许多同等重要的、有关设计人类学的认知场所，它们在以不同的，也可以说是更重要的方式塑造这个领域。本研究并不是为了凸显某一研究场所的优越性，而是旨在说明，在局部语境中，现状和发展是如何导致注重实践的设计人类学产生出不同的表现形式的。

1. 追寻线索

越来越多的文献记载了人类学家和民族志学家在商界和机构中的工作，他们参与企业民族志、人机交互研究、以用户为中心的研究，并与美国风险投资公司的多元学科团队合作，目的是"……提供一种看待人类与由人类所设计并使用的产品之间关系的认知视角"（Blomberg & Burrell，2009：72）。其他文献介绍了人类学家和设计师的早期合作，以及设计师对民族志的影响。克里斯蒂娜·沃森（Christina Wasson）的文章《设计领域的民族志》（Ethnography in the Field of Design）（2000），概述了应用人类学在设计学中的延伸，回溯了民族志是怎样被设计公司采用并改编的。沃森从批判的角度，提出了对"设计民族志"的质疑，她引用了AEIOU[①]框架等案例，该框架是E–Lab公司开发的一种研究工具，用于帮助解读视频、观察结果、编码数据，并通过开发模型来解决

① AEIOU是一种对活动（Activities）、环境（Environment）、互动（Interaction）、物体（Objects）和用户（Users）进行分类的组织框架。

客户的问题（2000：382）。沃森指出，该框架最初的局限包括识别广泛的文化模式和忽视“变革、历史和政治经济问题”（2000：385）。沃森提到这个特定框架的持续迭代使这些问题得到了改善。在以用户为中心的设计中，应用“民族志”的初步试验在媒体报道之后，许多设计公司都在积极尝试采用某种形式的“民族志研究”，但通常那些是由未经培训的员工进行的过于简单的（通常是不正确的）模仿。

虽然看上去两者似乎是相似的，但设计中再语境化的“民族志”实践的含义与人类学意义上的民族志含义并不相同。首先，民族志的意义并不相同（Ingold，2014）[1]。第二，从传统来看，每个学科的最终目的是截然不同的。伦理忠诚（Ethical allegiance）不同：人类学家通过在研究主题中强化伦理忠诚的概念，来努力调和殖民时期从属关系导致的遗留问题。而设计师的传统做法是优待和保护客户数据。设计师和其他从业者挪用“民族志”的现象引起了人类学家和学术界的激烈争论。除了研究质量的问题，人们还有充分的理由质疑针对研究对象的伦理标准、态度，以及研究结果的透明性，这导致美国人类学协会于2012年重新修订了关于伦理的声明（Miller，2017）。随着科技的迅速发展，出现了通过传感器［美国商业资讯公司（Business Wire），2012］和无孔不入的视频监视器收集数据的新形式，伦理问题仍将是人类学的一个热议问题。

人类学与商业

在文章《人类学与商业》（*Anthropology and Business*）中，玛丽埃塔·芭芭（Marietta Baba）（2006）介绍了一种交叉学科实践的新形式，即“产品、服务和系统的民族志信息设计”，是一种“基于将民族志和设计相结合的概念”（2006：108），她将此归功于人类学家露西·萨奇曼（Lucy

Suchman）和里克·鲁宾逊（Rick Robinson）的合作，后者是E-Lab公司和IOTA公司等多个设计公司的创始人。芭芭将工业化进程中的各种力量联系起来，追溯了新的交叉学科分支的根源。她指出该分支被称为设计民族志，这还要从弗雷德里克·泰勒（Fredrick Taylor）和埃尔顿·梅奥（Elton Mayo）为“改善生产过程中人与设备之间的互动”付出的努力说起。这些研究“生产中的人的因素”的早期努力演变成了人因学（human factors），这是一个多学科专业，将人体工程学、心理学的知识纳入了设计过程。直到今天，人的因素仍是工业设计实践的一个重要组成部分。

在芭芭的论文发表之前，安·乔丹（Ann Jordan）的《商业人类学》（*Business Anthropology*）（Ann Jordan，2003）为人类学的从业者和学生提供了一本启蒙性质的读物。乔丹解释说，她并没有将自己的技能应用于“与拉贾斯坦邦（Rajasthan）或珠穆朗玛峰附近夏尔巴人的农民合作”（2003：1），而是应用于跨国公司。她的著作涉及了一系列主题，她将其中的一个章节命名为“设计人类学”，并写道：“民族志在设计领域愈发流行，因为它们填补了研究数据中的空白。”（2003：76）她指出，设计师对人的因素的依赖来自认知心理学和市场调研。

> 虽然人为因素研究有助于了解某些产品的最佳设计方法，但它过于抽象，脱离了日常生活，因为人为因素研究通常在实验室等受控环境中进行（Van Veggel，n.d.）。此外，这类研究侧重于个体思维，忽略了社会文化背景和群体互动。而产品在社会语境中，不仅仅是被使用，还会被人们理解和认知，因此，研究者们的实验室研究是无法观察和了解到社会群体的丰富互动的。
>
> （2003：77）

塞夫金（Cefkin）（2010：10–13）引用了多方资料，概述了企业民族志的“学科背景”，指出了它们最早的跨界融合，即工作场所的人类学研究可以追溯到霍索恩（Hawthorne）1924–1932年间的研究（Mayo，1945；Schwartzman，1933）。塞夫金和其他作者还指出了20世纪七八十年代，斯堪的纳维亚工作场所中，工会关于民族志的研究项目带来的影响，这些项目引入了合作和参与式设计，现在被认为是设计人类学的基本原则（Cefkin，2010；Otto & Smith，2013；Tunstall，2013）。

从其对知识和概念的贡献看，商业人类学和工业人类学的人类学根源按照时间顺序已有清晰的记载。设计人类学自身正在成为一个独特的研究领域，一种交叉学科的文献体裁也随之出现。但是，赋予设计人类学鲜明特征的其他人类学要素却没有得到足够的重视，这种现象直到最近才有所改观。在这里，我指的是历史和当代的人类学家的见解，这些见解揭示了设计人类学不断发展的原则，并与之产生共鸣。这些线索——观察，思考，交流——出现，又被遗忘，而后又会在某一时间点再次出现。揭示这些联系不仅证实了它们与人类学的联系，而且还表明，如果要使设计人类学作为一种独特的认知方式继续发展，人们需要对这些联系进行更深入的调查，才能为其提供潜在的发展方向。

以下各节围绕着三个相关且重复出现的主题展开，这些主题在20世纪后半叶主导了人类学研究，今天仍以不同形式出现在人们的讨论中。尽管它们以很多复杂的形式出现，但其主题可以概括为：首先，呼吁通过摆脱人类学与过去殖民主义的联系来重塑人类学；其次，探讨“重塑”的人类学会是怎样的；最后，思考重塑的“当代人类学”如何忠于其根源。总的来说，这些主题为本章其余部分提供了一个框架。每个主题在人类学文献中都有广泛而权威的记载，但通常，人类学领域之外的其他研究者们并不会关注到这些文献。然而，如果人类学要在这一新兴领域，作为设计的合作伙伴与之平起平坐（有些人认为它应该，但往往没有）（Wasson，2000；Suchman，2011），它的独特价值就需要被阐明并展示。接下来的章节从几个方面追溯了人类学的历史，揭示了人类学历史在当代所具有的已有和潜在价值，并阐述了在与设计人类学的整合中，人类学的转换意义和重新定位。

“设计人类学：它的成就与未来”

1966年，“重塑设计人类学”的呼声已得到了充分证实和记载。[2] 在《写文化》出版的20年前，克劳德·列维–斯特劳斯（Claude Lévi-Strauss）在他的论文中就曾预言，“人类学将在一个不断变化的世界中生存，因为它允许自己灭亡，以便在新的语境下重生”（1966：126）。[3] 列维–斯特劳斯在论文中强调了继续研究迅速消失的土著人类社会的重要性。他用于描述当时的民族志研究主题的语言，反映了那时的修辞惯例。他对事物的情感和态度、他所描述的情况、人类学家所要解决的问题，以及该学科为什么存在等问题，与今天大多数人类学家所经历的和了解的情况大不相同。

该书出版50年后，他所描述的“折磨着全世界原始部落的高灭绝率”很可能使我们清醒[4]过来。尽管我们从历史的角度认识到了它们的消亡，但克劳德·列维–斯特劳斯接着将19世纪初的人口数量与20世纪60年代幸存下来的人口数量进行了比较。他指出，那些幸存者即使不是全部，也是大多数，都“被饥饿和疾病缠身，受到采矿厂、原子弹试验场和导弹的威胁。”这些族群在很大程度上已经走向灭绝，但这并没能阻止正在进行的工业资本主义扩张进程。今天我们还可以把气候变化加入克劳德·列维–斯特劳斯的清单。人类灭绝的话题很少引起全世界的注意，部分原因是这些人中只有极少数还幸存。那些尚且存留的人通常被无视：要么被当作现代社会中隐藏的或“有问题”的人群，要么在身体和/或心理上被边缘化，以至于与现代世界基本无关。在我们发起的关注其他物种灭绝的运动中，我们并不经常，也不容易意识到我们的同类也一直处于同样的危险之中。

在这篇论文中，克劳德·列维–斯特劳斯以他在美国的时光为开场白。他偶然发现了一家书店，正在出售二手的美国民族学局发布的年度报告。美国民族学局创立于1879年，并于1965年与史密森人类学系合并，成立了史密森人类学研究办公室。[5]尽管这对当时的他来说是一笔巨大的投资，[6]他最终还是“冒着破产的风险”买下了店里所有的年度报告。他被这些书迷住了，这些书为他打开了一扇通向“无法挽救的过去”的窗户，在那里“这些当代书籍为我和美洲印第安人生活的时代之间搭建了桥梁，由此，他们的文明忽然变得生动起来”（1966：124）。

对他和他同时代的人来说，克劳德·列维–斯特劳斯打开了一扇通往人类学的窗户，对我而言亦是如此。我可以“听到”并感受到他对正在消逝的人类文化和其中的社会成员的惋惜。然而，他的文字中仍有一种他那个时代常见的冷漠感，一种作为外部观察者的态度：一个保持分析距离的人，一个可以走开的人。对于那些被研究的人来说，他们所消逝的不仅是物质上的，也有符号象征性的。

读完这篇文章，我体会到了保罗·拉比诺（Paul Rabinow）在描述理查德·麦肯（Richard McKeon）[7]的能力时所写的“在引用奥卡姆（Ockham）和海德格尔（Heidegger）和展示他们对当前问题的理解时，我们会发现他们彼此之间是不一致的，与现在的认知相比，也是不一致的”（Rabinow等，2008：20）。尽管在今天看来，这篇文章显然有些过时，但其中许多内容不仅是沉痛的，而且在历史上、方法上和理论上都是相关的且有意义的。比如，克劳德·列维–斯特劳斯曾解释了那些被忽视的问题——农作物产量的变化，产量与工作量的关系——是如何成为人们破译已有知识的关键，例如西太平洋岛群的密克罗尼西亚各地山药的社会意义和宗教意义。在人类学学科领域，有助于促进人类学知识生产的设施和专业知识构成了“技术因素”（technical considerations），或被称为“关键性数据”（what counts as data）（Rabinow等，2008：16–17），包括：收集数据的方法，以及选择收集的数据类型。这是除了前面提到的伦理问题之外，目前正在影响民族志实践的技术变革的另一个方面。

克劳德·列维–斯特劳斯认为，一些陈年旧问依然与当代世界息息相关，它们可以被赋予新的生命。比如：

> 一个老生常谈的问题——陶艺拉胚转盘的起源——对于这种发明，既不能仅仅看作是一种新的机械装置，也不能只视为一种可以客观描述的物质对象，而应该把它视为一种创造方法，这种方法可能会整合使用多种不同的装置（或粗糙或精致）。
>
> （1996：127）

当下，我们对发明和创新的关注可以从这样的见解中获益。[8]

克劳德·列维–斯特劳斯提及了约翰·弗雷泽爵士（John Fraser）1908年在利物浦大学的就职演讲，弗雷泽在演讲中说“古典人类学已经走到了尽头”。随后几年的发展——两次世界大战和科技、商业、工业的进步导致了那些本已身处险境的社会的灭亡——克劳德·列维–斯特劳斯认为，“尽管这是灾难性的”，但也有一些令人欣慰的进步（1966：125）。同时他指出：

> 在某些圈子里，人们热衷于把人类学说成是一门正在衰落的科学，因为它的传统主题——原始部落正在迅速消失。或者认为，人类学为了生存，应该放弃基础研究，成为一门应用科学，以处理发展中国家的问题和我们社会的病态问题。
>
> （1966：125）

克劳德·列维-斯特劳斯说，他并不反对这些新的研究方向，也不认为它们枯燥乏味。他坚持认为，正是因为这些传统的研究方向“正在灭绝”，所以才应该继续把“所谓的原始部落”研究放在首要位置。他承认，这个领域正在发展，探索着目前鲜为人知的新问题。就人类学的未来而言，只要人类学的视角、方法和价值观能传承下去，我们无须为此担心。然而，他想知道，“当最后一种本土文化从地球上消失，我们唯一的对话者变成了计算机时，它将变得如此遥远。以至于我们很可能怀疑，同样的方法是否应该再被称为‘人类学’（1966：127）”。克劳德·列维-斯特劳斯可能无法想象人类学在当代的发展。

这篇文章发表至今已近50年，可以打消人们对这段时间内人类学发展程度的疑虑。人们可以想象克劳德·列维-斯特劳斯时代的人类学家面对现代范式——为改变现状，积极倡导参与“实验对象”并进行介入（比如参与式设计中用户的介入）会作何反应。试想，如果有人建议马林诺夫斯基（Malinowski）拓展他的参与观察法，使其包含参与者、促进者或基尔伯恩（Kilbourn）的“煽动者”，他会怎么说？如何引入一种能被今天的设计人类学家共同推崇、且广泛实践的解决问题的方法呢？要实现我们的目标，即关注残余的、主导的和新兴的，同时也承认构成动态现象（如人类学的当前现状）的各种类别，就意味着要重新审视人类学档案，以便提醒我们回想起在人类学发展史上的各种巨变。同样重要的是，我们必须保留一定的洞察力，这既能为当代实践提供信息，又能加强我们对当代实践的批判能力。

使陌生的熟悉化，使熟悉的陌生化

“使陌生的熟悉化，使熟悉的陌生化”不仅是人类学的遗产，也是人类学的现状，还很有可能在某种形式上成为它的未来。人类学认为，无论“陌生的”是或曾经是什么，其中总有一些熟悉的元素反映了我们自己的故事、情况和时代。这种意义的形成过程渗透进了人类学知识生产的独特艺术、工艺和科学的核心。“使熟悉的陌生化”反映了该领域最近的转变，它从关注“遥远的他者”转向了人类学视野对当前社会的研究，换句话说，也就是保罗·拉比诺，乔治·马库斯（George Marcus）等人（Rabinow等，2008）所谓的“当代”。

当代人类学的新实践研究形式、新问题和“重新定位”的出现，并没有否定延续人类学研究惯例的需求，包括那些列维·斯特劳斯坚持认为的“更紧迫和更重要的”（1966：127）。人类学作为一门学科和一个实践基地，已经证明了它的体量足以容纳多种研究方法和范式。本着批判性的自我分析精神，人类学一开始就是这样做的。

2. 我们的历史：20世纪60年代到80年代的遗产

第二次世界大战后，“重塑”人类学的呼声越演越烈。许多作者注意到，该学科的研究重心已从传统的对“遥远的他者”民族志的描述发生了转移。比如，在回应20世纪60年代末的观点时，戴尔·海姆斯（Dell Hymes）在《重塑人类学》（*Reinventing Anthropology*）的绪论中问道：“如果人类学不曾存在，它还有被创建的必要吗？如果它被重塑，还会是现在这样吗？对于这两个问题，我想答案都是否定的”（1974：3）。

海姆斯成功预测到人类学在20世纪60年后将产生巨大改变。尽管“重塑”和“复兴”等术语被广泛使用，但事实上，它们的含义并不明确。人类学，特别是社会文化人类学，其传统研究已在许多方面发生了转变。学科内仍就“重新定位人类学”这一系列问题进行着激烈的辩论，涉及商业、企业、公共部门和军队等多个领域。同时，新的人类学参与形式，明确包含了介入和变革性的实践形式，也引发了一堆新质疑、新问题，以及对当代人类学的作用和当代人类学家的定位的新思考。

范式的转变会使学科生存受到挑战。人类学也不例外。如何使历史遗产与当下现实相融合？这对未来意味着什么？要找出那些与人类学学科不相关或不支持的因素是一个艰巨而痛苦的过程。若非如此，人类学很可能已经失去了与当代世界的联系，因为它主要是研究“原始的”、前现代的和已经发生的。

3.《当代人类学设计》

在《当代人类学设计》（*Designs for an Anthropology of the Contemporary*）一书的绪论中（2008b），托比亚斯·里斯描述了20世纪90年代中期他在图宾根大学学习人类学和哲学的经历[9]。他接受的教育是建立在民族志历史的基础上，“按照时间顺序，以典型作品的形式组织起来”。

我们遇到的故事，在概念和方法层面上是断裂的。然而，从它的主题的演变层次来看，它又是一门最连贯的学科：人类学是一门关于“遥远的他者”、“前现代”和“原始”的学科。

（Rees，2008b：1）

他的重要学术贡献包括评价了人类学在殖民主义中的角色，回顾了民族志记述中多种言论的兴起，并解读了《写文化：民族志的诗学与政治学》（*Writing Culture：The Poetics and Politics of Ethnography*）（Clifford & Marcus，1986）。里斯解释道：

这本书使介绍了（一部分）老一辈研究者和（一部分）年轻一辈研究者之间产生的不可逆转的裂痕，老一辈研究者捍卫古典人类学的研究体系，而年轻一辈研究者则认为自己需要超越那些已屡试屡验的概念，试图寻找实践人类学、生产人类学知识的新方法……

（2008b：5）

《写文化》使里斯感到这本书给人类学的历史画上了句号。

从认识论上讲，似乎是这样的：前现代阶段，对人类学的构建要比发现更多（根据特定文体的修辞惯例，从民族志的视角），因此使得整个人类学，包括其方法、概念，甚至研究对象从根本上受到质疑。

（2008b：2）

随之而来的会是什么呢？回想起来，《写文化》并不是“终结”，而是人类学中一系列裂痕和转变中的另一个标志。事实上，一场转变正在如火如荼地进行，里斯认为这是由延续了人类学自我审视和批判的三个发展趋势引起的：二战后一种新的战后敏感的出现；以克利福德·格尔茨（Clifford Geertz）的阐释人类学研究为代表的新人类学范式的出现；以及新人类学工具的推出（2008b：3）。

这些发展揭示了人类学正在进行的自我批判和重新评价，这本书涉及两个基本问题：我们在做什么和为什么要这么做?《写文化》中对民族志的批判，强调了继续对该学科进行梳理的需求，要求对其遗产进行评估，以确定哪些有价值，哪些可以被重新利用，以及哪些态度和观点需要被彻底改革或剔除。

尽管《当代人类学设计》一书并不长，但它是一本需要被特别注意的重要作品。在20世纪最后几十年至21世纪前十年里的动荡时期里，人类学发生了重大转变。下一节将重点介绍涉及这些重大转变的主题。

以史为鉴，探寻前路

人类学为摆脱刻板印象、浪漫主义和殖民时代的束缚所做的斗争，以及为保存遗产所付出的努力等一系列的对话，都被记录在《当代人类学设计》一书中（Rabinow等，2008）。透过对话伙伴的个人观点，该书提供了一条关于20世纪后半叶人类学历史和理论的研究层面的新路径。一方面，学术界内部的关系十分紧张，因为同事之间关于应该保留什么、应该调整什么，以及该把什么划入殖民时期人类学的黑暗时光等问题进行了激烈的争论。另一方面，大量项目得以启动，为交叉学科研究、当代世界概念化现实的新形式以及新主题、观点、实践和实验等领域开辟了道路。

里斯叙述了他在一场不那么充满敌意的辩论中的立场。他讲述了2002年在伯克利读研究生时，拉比诺告诉了他马库斯对即将出版的《今日人类》（Rabinow等，2003）作出的反应。随后的一系列对话被里斯描述为“行动中的思考”（thinking in motion）和“跨代对话”（a conversation across generations）的展现（2008a：115）。这些对话跨越了20世纪60年代到80年代人类学史上广泛而混乱的一段时期，并被收录在《当代人类学设计》中。

从个人轨迹、历史辩论、学科矛盾和断裂，到教学法、民族志方法和实验性实践，《当代人类学设计》涉及了多个主题。全书由七段对话组成，每段对话包含一个特定的主题。有趣的是，这些对话并没有说教感，而是保持了谈话的开放性和好奇感。该书写作于新千年的第一个十年，借此有利时机，书中对话回顾了20世纪60年代以来动荡的几十年，勾勒出了该学科被重新制定时的面貌。在这方面，该书总结了人类学历史上的经验教训，阐明了过去几十年的紧张局势和断裂如何创造出一个可以延展该学科现状的空间，在其中可以有发现、有启示以及对学科的重新认知。拉比诺和马库斯都认为，学科内的矛盾和分歧是富有成效的，且并非意料之外：人类学鼓励人们“对公共问题和世界”（2008：23）以及该领域的发展、项目和方向秉持强烈的感情。

对话与设计

回想起来，该书中最引人注目的是，文本中的七个对话是如何引发了一场拉比诺和马库斯之间持续对话的，福比恩（Faubion）和里斯偶尔也会加入其中，这场对话随着时间的推移还在不断发展中。从对话一：以《写文化：民族志的诗学与政治学》为主（Clifford & Marcus，1986）到对话七——总结部分，里斯认为该部分可以被认为是对“去狭隘化”的人类学的呼吁，由此，我们感受到了该文本提及的“观点的重大转变”（Weber引用Rabinow等，2008：1）。人类学被重新认识的过程，不仅重塑了人类学，改变了其教学方法（虽然更缓慢），而且也使人类学家对自己的工作进行了重新评估。

一开篇的对话详细阐述了20世纪50年代[10]的人物、事件和项目，为讨论《写文化》（Clifford & Marcus，1986）的影响奠定了基础。这一时期涌现出了一些主题，为该领域当时发生的事件构建了框架。这些主题包括：辩论的内省倾向，参与的民族中心属性，以及出现的各种新兴研究流派和项目。这些流派和项目是在人类学家探寻其工作意义以及研究的相关趋势的过程中随之出现的。值得注意的是，这一时期该领域内的一系列活动作为主要的交流工具，扮演着文本这一关键角色。各种辩论是在学院的体系下进行的，围绕着相关语言和概念术语展开，因此，研究领域外的人很难接触到。

《写文化》的觉醒：新项目

拉比诺和马库斯都对该书各章节有所贡献，马库斯在回顾中将其形容为“这是一个对（人类学）项目进行质疑的认识论批判”（2008：30）。

> 在人类学领域，人们往往把《写文化》这本书看成是具有负面影响的。有人认为它起到了开放建设的作用，而有人则认为是在摧毁传统人类学立足之基，至于究竟是开放还是摧毁，这就取决于你是如何看待它的……虽然该书批判性地反思了马林诺夫斯基与“他者”相遇的问题，但它依然受到这个已经过时的问题的束缚。
>
> （2008：30）

随之而来的将把《写文化》所代表的认知断裂化。后面的六段对话涵盖了人类学的后续发展，并通过马库斯和拉比诺之间的“来回”交流，讨论了这些发展对人类学实践提出的概念和方法上的挑战，不仅询问“今天的人类学是什么?”还有，“它将会成为什么样呢？它从何而来，将以何种方式发展?”（Rabinow等，2008：115）

20世纪80年代后期人类学的转折体现在各种新项目的开展和参与法渗透到各领域中。书中拉比诺和马库斯讨论了民族志的反身性，这也是《写文化》极力推崇论述的。拉比诺指出，“自我”和身份认同的政治转变与“在某种程度上文化整体的‘崩塌’——或者其他更适合的词”是相类似的。

而马库斯认为《大众文化》（*Public Culture*）的项目比起反身性或身份认同则更具影响力且更成功。谈及《大众文化》期刊的卓越贡献时，马库斯认为它“为重新思考区域研究的整体理念奠定了基础。”里斯补充说这本书为文化人类学在全球化时代的形成起到了重要作用（Rabinow等，2008：37），该书总结了阿帕杜莱（Appadurai）和其他人的贡献。他们重新定位了文化的概念，并在世界日益全球化、数字化和紧密相连的背景下，将其确立为理解人与物交织变化的中心。

> 如果全球化的世界是由多元文化组成的，在这个世界里，人和物都在变化，那么“文化”人类学对理解和概念化一个全球文化领域，或一项文化民主制度做出了重大贡献。
>
> （2008：38）

这个时期的其他项目包括科技研究（STS）和医学人类学。但是与设计人类学的最终出现直接相关的是向“对象和客观性”（objects and the objective）的转变[11]。《物的社会生活》（*The Social Life of Things*）（Appadurai，1986）和《写文化》出版于同一年，福比恩评论道“从此人们开始越来越关注这一领域，并拓展这一领域的范畴。”他阐述了作为田野调查主题的物质文化和建成环境，是怎样凭借对人类学的贡献，找回在人类学领域中与对“人”的研究分庭抗礼的地位的。

我们不得不注意到物质文化和文化物质的复兴是一个完全合情合理的分析重点。客观对象正在逐渐地占据人类学的舞台，即使不是处于中心位置，也可以与“人”的研究平分秋色了。我认为，随着这种转变，人们也注意到了遗留的认识论问题。

（2008：38）

在随后的对话中，逐渐出现了一种设计的隐喻，即设计启示了人类学实践向当代的转换。拉比诺解释说，“设计”被视为一套概念工具，“用于思考和实践当代人类学”，其目的是“联系并发展人类学现状”（2008：11–12）。

“当代”意味着什么

在定义“当代”时，拉比诺引用了两种含义：第一个是时间性的，表示“与某物或某人存在、发生或来自同一段时间”。第二个，从历史内涵来说，用以区分“现代”的概念（Rabinow等，2008：57）。当代人类学的任务是选择或找到合适的田野地点，记录和分析这一堆人和物的集合出现的过程，“给它们命名，展示它们的结果和影响，从而使它们可以用于思考和批判性反思”（2008：58）。

拉比诺指出，在事情发生时既对它们进行密切观察，又保持一定的距离，代表着一种“不合时宜”（2008：58）。“不合时宜”的含义取自尼采《不合时宜的沉思》（*Untimely Meditations*）（1997），被“用来标记一个临界距离，界于寻求建立关系的当下与异于主流意见的当下之间。”这种性质有时被人类学家称为“问题化”一种情况或现象，它对人类学的实践来说仍然至关重要。“不合时宜”不是简单地通过靠近事实来报道，而是通过分析来描述和审问事实，“以一种能引发探究的方式思考”（2008：59）。明晰的人类学探究提供了一些其他形式的社会和文化分析所忽略的东西，这使得它成为设计人类学的重要成分和实践。

《当代人类学设计》这本书的作者们关于人类学进行了一次沉重而富有启发性的批判，提供了一次“跨代对话”，从而将我们带到了一个制高点，从这里我们可以看到过去的多维景观，也可以从他们的有利位置瞥见“当代”人类学可能的未来。在对话中，有时作者似乎放弃了这一领域，只为再次重申他们的关注点：“探索从过去到现在搭建桥梁的可能性”。要求搭建桥梁不只是简单地认识过去和现在，而是更准确地认识到相互区别的传统、现代和当代时期，将它们视为动态的、成对的时期，而不是静态的、对立的。因此，当代“是现代的一个动态图像，在一种认为现代已经成为历史的语境中，穿梭于不久的过去和不远的将来”（Rabinow等，2008：11）。

在传统与当代之间建立桥梁需要的不仅要会运用诸如仪式、巫术和交谈等源于传统文学形式的经典人类学比喻，还要会沿用民族志的写作。作为修辞手段和框架，比喻是一直有作用的。然而，当它们被应用于当代民族志语境中时，会显得很不适合，这是因为，如果对提出这些比喻的原作没有深刻的理解，它们就只是空壳。那些经典的民族志原作包括布罗尼斯拉夫・马林诺夫斯基、E.E.埃文思–普里查德（E.E. Evans-Pritchard）、维克多・特纳（Victor Turner）、克劳德・列维–斯特劳斯、克利福德・格尔茨等的作品。尽管以往那些人类学概念、研究方法和知识生产过程是在当时的研究环境中形成的，在许多（但不是所有）层面上都与我们今天所知道的和所做的截然不同，但人们对于这些内容进行检索和重新建构还是很有必要的。里斯观察认为：

我们似乎总是回到这样一个问题上，即需要将新的研究场所与人类学的传统或经典比喻重新联系起来。邻近的或是不合时宜的似乎都能提供这样一种联系，因为它让我们想起了经典的人类学概念的“异地”属性。我们到过别的地方，然后从那里回来，会对自己文化的特点很敏感，或者可以通过别人的视角来描述它。

（2008：62–63）

设计工作室：一种类比和一种模式

马库斯认为设计实践和设计工作室（2008：82–83）是一种教学模式，特别是它的田野调查方式，是介于艺术与社会科学之间的，符合当代人类学实践的项目和语境。根据他在建筑设计工作室的工作经验，他将设计工作室和设计批评实践描述为“协作的，以一种促进发明、学习和分析的模式呈现”（2008：81–85）。

在与设计师们的合作中我也得出了类似的结论。因为人类学和设计学一样，都是由实践驱动的，所以，如果将设计工作室的实践活动与其他学科融合，会是一个很好的尝试。拉比诺指出：

它（人类学）不是理论驱动的，所以该研究领域会涉及具体的技能。因此，我们缺少的是一个批评空间，一个权威空间，就像实验室会议或设计工作室的那样。人类学中有很多权威和力量，但没有被赋予功能，没有被聚焦，而且停滞不前。

（2008：84）

同样重要的是，设计工作室模式颠覆了那些几乎没有缺陷的关于人类学研究的写作文本，那些文本通常的描述是："人类学是关于普通人，关于受害者、受苦者，以及下层人民的观点等。该文本的构成元素之一是分析性从属于政治性，对吧？"（Rabinow等，2008：90）。

设计工作室一直被类比作一种很有前途的培训空间模式，这种培训空间"可以让学生在开始实际田野调查之前，学习或是体验如何将他们收集到的关于特定主题的所有信息从人类学的角度进行阐释"（2008：113）。设计工作室的经验将为学生提供一个"人类学工具包"，使他们具有一定的"人类学敏感性"。

今天，在设计人类学等新兴人类学实践中，设计工作室的类比已成为现实。人类学家不再沿用人类学典型的单人作战模式，而是作为多元学科项目团队的成员进行合作。他们正在参与评论。在这些项目中，重要的不是某一个学科团队成员的独特理论或技术才华。相反，重要的是可信性（Credibility），它（可信性）来自于拉比诺和马库斯称之为"高质量工作"的集体生产和维护。

适应性策略

在本节中，我们的目的是寻找《当代人类学设计》的作者所说的残余的、主导的和新兴的这三个范畴，它们构成了一种动态的现象（Rabinow等，2008：95）。为了表现这种动态性，这三者都必须出现在作者们所提出的“当代人类学”中。它们组成了一个棱镜，各自代表不同的一面，透过棱镜我们可以换个角度看事物，看到不同的全景，以及尚未实现的维度。要对研究进行复杂的多场所的设计，具备这些认知观点是极为必要的，而这种复杂的多场所特性正是当代田野调查和民族志的主要特点。

最后的对话包括了拉比诺、马库斯和福比恩之间的一段讨论，他们讨论了时间压缩和研究的加速带来的影响，这是当代田野调查中的一个重要课题。拉比诺坚持认为，为了与当代世界保持联系，虽然人类学家有时需要加快调查实践的某些方面。但仅限于某些方面，而“其他方面往往需要更持久的、推理的、间接的关注”（2008：95）。这意味着关注“微观过程和（或）日常生活”这项工作不能过于仓促：“要从事人类学，需要花费很长时间才能辨别出正在发生的事情中哪些是重要的，因为正在发生的事情并不明显，而且通常不会被人们明确地表达出来”（2008：95）。在目前的人类学的实践中，速度和时间的问题至关重要，对于商业和各种机构的短期民族志项目来说尤为如此。新的数据收集形式，如潮流媒体视频和基于传感器的数据反馈，已成为研究的常见形式。这些类型的数据是有问题的，因为它们不是研究人员直接的体验，而且可以被断章取义，特别是在客户简报中。设计公司（例如Iota合作伙伴[12]和其他公司）在商业领域如何应对这一挑战的诸多例子，已在多个来源中被记录下来了。[13]

谈话的焦点转移到“当代”，一个与当下紧密相连的时代，特别是与现代有关的时代，如何影响了人类学写作，尤其是民族志专著。专著——曾经传播人类学知识的主要工具，最重要的是“作为变化的征兆或指标”而存在（Rabinow等，2008：97）。马库斯认为，故事仍然很重要，其重要性尤其表现在“行业用语（shoptalk）”的自反性上（自身影响），和我们在职业文化范畴内听到并交流的故事中。这些重要的故事与其说是关于“以马林诺夫斯基的‘相遇’场景为界限的田野考察经历，不如说是关于研究的设计”（2008：97）。由于当代田野调查的多阶段性，以及来自不同学科背景的成员的参与（2008：69），人类学家不应该单独讲述这些故事。

人类学教学的意义是显而易见的：对今天的学生来说，仅仅把民族志作为教学范例是远远不够的。基于一系列讨论，从《写文化》对传统民族志的批评，到对当今民族志专著现状的评价，马库斯总结道：“正如我们讨论的，民族志绝不是范例。相反，因为它们的阶段性和碎片性，应该被视为一种实验。”（2008：100）

“去狭隘化”的人类学

最后一段对话是对前面讨论的总结，里斯认为它是围绕“去狭隘化”的概念展开的。里斯解释道，一个“去狭隘化的学科”是多元的、异质的，并且“想把它归结为一至两个关键范式是不现实的，人类学是开放的、生动的、不断演进的。”（Rabinow等，2008：105）。文化概念的消亡与人类学之“父”埃里克·沃尔夫（Eric Wolf）、大卫·施奈德（David Schneider）、马歇尔·萨林斯（Marshall Sahlins）等人身份的降级同时发生，也对应了文化问题及其在人类学中的地位发生的变化。把文化看作是“文化孤岛”（separate islands of culture）或是独特的“文化整体”（culture wholes）的时代已经结束。然而，文化的概念仍然存在，但其意义不同于传统人类学中的概念。福比恩对“文化、与文化相关的”（culture and the cultural）[14] 做出了区分：文化作为“有界整体”将会消失，但“与文化相关的”作为“人类生活的构成维度，作为其中的一个平面——一个开放的平面，可以肯定——生活始终是由它构成的”将保留下来（2008：106）。

这是一个关键的区别，但这个区别并不容易辨别，特别是对于没有深入了解过20世纪50年代以来人类学争论的人来说。如今，“文化”这个概念似乎对许多人来说仍有意义，并被其他学科所利用。但几十年来，人类学家并没有研究过孤立的“文化孤岛”；可以说，这种情况从来没有发生过。传统的研究文化的方式已经失去意义。但是，“与文化相关的”作为人类生活的一个平面或维度——“作为差异的标志”——仍旧是一种丰富的元素来源，马库斯认为，这些元素明显易受符号学[15] 的影响。换句话说，通过研究符号、象征、以及它们所指的对象或思想，我们可以知晓具体情境中意义是如何构建和传达的，并了解文化元素——物质与符号文化的各个层面。虽然有时我们能轻松获得对象中暗含的符号，但我们的许多认知却是模糊的，因为符号性的交流并不明显，这就是福比恩所描述的构成日常生活的“无法估量的领域”：通过语气、方言、眼神和亲密接触的程度，我们可以区分一个人眨眼是否是有意识的。只有既保持紧密联系又能置身事外的人才能拥有这种能力。拉比诺认为“与文化相关的概念使一个人可以更好地接触或评价、分析对象，这是一种比文化的概念更恰当的方式，因为从某种程度来说，文化要求其他所有的事物都被纳入它的范围”（2008：110）。

尽管人类学的许多传统比喻已经被遗弃，实践的“规范和形式”也发生了变化，但通过自我审视与批评，这门学科已经适应了新环境并不断演进。我们有案例证明,《当代人类学设计》的作者们设想的设计工作室，在今天的人类学教学[16]和实践中可能成为现实。本章的最后一节集中讨论了构成本章框架的三个文本中的最后一个。它们没有被当作个例，而是形成了一个表现“变化中的连续性”的概念网（Rabinow等，2008：47），通过该领域备受尊敬的学者的话语，每个片段都为进入一个特定时间节点打开了一扇窗。

人类学的重新定位与设计的局限性

人类学家见证了新的分支学科的兴起，露西·萨奇曼（2011：15）称之为“向‘家’的转变”，这对于人类学研究转向以其文化血缘性、政治和经济中心性为特点的定位来说，是极有价值的，甚至可以说是紧迫的。相对于设计和创新，该领域的“重新定位”证明了人类学家既致力于创造新的实践形式，又同时进行批判。萨奇曼所指的定位包含了残余的、主导的、新兴的范畴：“定位的概念，正如人类学对其历史和学科地位的反思，以及对其转变研究方向，参与当代技术科学、政治和伦理等问题的反思。”（2011：3）。凭借在专业技术设计方面的广泛参与，以及她作为加州硅谷帕洛阿尔托居民所拥有的日常经验，萨奇曼将自己的论点与同时代一些人（Mau & Leonard，2004；Rabinow等，2008）的观点联系起来。她并没有将设计视为人类学未来的一种模式（参考Rabinow等，2008），而是提出“相反，设计和创新最适合作为当代人类学的问题对象。”

萨奇曼将她的立场定义为保持“对变化、拆分、断裂和新事物的理论化方法的兴趣，这些方法不依赖于单一的起源、明确的创立时间或渐进的发展轨迹。”她与其他地方的从业人员一样致力于跨学科领域的工作，但她也表示，“我们更需要的是批判性的设计人类学（critical anthropology of design），而不是为了设计而重新构造的人类学”（2011：3）。

萨奇曼和《当代人类学设计》的作者们有着极为不同的设计经历。马库斯和拉比诺（2008：81–85）处于学术环境中的优势地位，对他们来说，设计提供了一种替代人类学传统教学模式的方法，满足了当代人类学的要求。萨奇曼则生活并工作在一个专业技术设计中心，对她来说，设计不是当代人类学的一个模型，而是一个问题对象。调和这些对立的观点是设计人类学家持续面临的挑战之一。

设计：人类学的未来或是问题化的对象？

在某种程度上，萨奇曼回应了《当代人类学设计》的作者们，也解释了她所谓的“设计自大（design hubris）”，并以布鲁斯·莫（Bruce Mau）的“巨变项目”（Mau & Leonard，2004）为例。她将“巨变项目”称为标志着一个技术社会趋向的“典型性表达”（Barry，2001），

> 随着技术的革新，特权发生了变化，当权者也发生了变化，这就是一种取向（201）。反之，创新又被嵌入了一个更广阔的文化想象中，这个想象假定了一个总是落后的世界，一个总是需要受过训练的人在其中斡旋，才能跟上时代的世界：总之，一个需要设计的世界。
>
> （2011：5）

不难理解为什么萨奇曼选择用“巨变”来描述巴里所述的方向。从其标题含义来看，2004年出版的《巨变》（*Massive Change*）一书表达了对设计力量的新认识，并认可了它在构成当代世界的复杂系统和组合中的中心地位。这也是无界研究所（IwB）[17]的一个项目，同时也为这一

领域输送了一批来自设计界各个分支学科的专业人才。这是英国菲登出版社（Phaidon）出版的一本关于图形设计项目的书，该项目在（通常是废弃的或故障的）设计产品和系统的原始照片上覆盖上引用文字，比如一张展现了2002年12月关岛阿帕港超强台风Pongsona造成的飞机燃料箱火灾遗骸的照片，下面这则引用文字就出现在这张照片上。

意外，灾难，危机。当系统发生故障时，我们会暂时意识到设计的非凡影响和力量，以及它所产生的影响。每次事故都提供了一个短暂的认识时刻，帮助我们认识到什么是正在发生的现实生活，以及我们对基础设计系统的依赖。

（Mau&Leonard，2004：front matter）

《巨变》一书每一章的开篇陈述，比如“我们将为全世界的人打造城市庇护所”（Mau & Leonard，2004：30），尤其体现了萨奇曼所指的“设计自大”。她强调了一段摘录，抨击了“将设计定位为世界上最强大的力量之一”的态度，这意味着“‘它’现在取代了‘我们’”，成为史无前例的全球性事件的开端。这一宣布了过去和未来行动的转折点是新事物的标志……这使得“‘我们’现在可以以前所未有的规模，‘通过设计来规划并实现预期的效果’”（Suchman，2011：5）。

萨奇曼回溯了“设计自大”的渊源，从“现在我们无所不能，我们该做什么?”的声明（Mau & Leonard，2004），到《人工科学》（*The Science of The Artificial*）的出版（Simon，1969），再到20世纪70年代，专业设计的兴起。西蒙（Herbert Simon）认为设计从“软”技能转向了“硬分析主义”，而40年后，马格林（Margolin）（2002）对此观点进行了批判（Suchman引用Simon1969：113，2011：5），他认为从西蒙的观点发展而来的设计更注重设计过程的模型化，而不是“批判性的实践理论”（Suchman引用Margolin2002：237，2011：5–6）。马格林没有将设计视为科学，而是视为一种社会实践，即萨奇曼提及的将“历史、理论和批评作为中心而非外围元素，它们包含了从西蒙及其追随者那里继承而来的设计理论的概念进行批判性的审视”（2011：6）[18]。

萨奇曼明确表示，在写“设计的局限”时，她并不打算否定以“解决紧迫问题或探索未经尝试的可能性”为目标的项目的价值。相反，她认为，设计学和人类学一样，“需要承认它所处位置的特殊性，将自己定位为一个（尽管是多重的）变革的形象和实践。”萨奇曼引用了20世纪中叶以来专业设计的历史及其影响和遗产，强调了设计方法——“它系统地掩盖了人类学在考虑什么构成了变革及其如何发生时，可能发现的核心问题。”她指出，设计的另一个限制需要基于这样一个前提，即方法会带来“对于能力和偶发事件的全面性认知”，这种认知只能根据具体情况来建构，而不能一一言明。换言之，她认为传统的设计方法侧重于那些被认为与设计师相关的方面，但会忽略人类学家认为有说服力且需要表达的其他方面。

萨奇曼的批判提醒我们，一段实践领域的历史，以及在一系列复杂的当代问题中，它的实践者如何定位他们的工作，确实很重要。要认识到这一点，我们需要往前回溯历史来思考设计人类学——以及设计本身——是如何回应这些批判的。在把注意力转向当代人类学，特别是设计人类学的批判之前，我们必须了解设计领域内发生的情况和事件，以便理解设计学与社会科学，特别是与人类学的相遇。

注释

[1] 英戈尔德认为，民族志一词在人类学和其他学科中都被过度使用，以至于失去了很多本身的含义。他反对把“民族志”归因于同我们研究的人、事、地点的接触。相反，我们应该保留这个词作为一种独特的文学体裁的含义。

[2] 例如，“人类学家的新提议”（Gough，1968）。

[3] 戴尔·海姆斯在《重塑人类学》的绪论中引用了克劳德·列维–斯特劳斯的宣言。（1969：3）

[4] 作为人类学的研究生，虽然我们参与讨论了关于土著人口消失的话题，但这些讨论，以及我们个人的研究兴趣和教员导师的指导，与我们如何选择研究领域的地点有很大关系。

[5] https://en.wikipedia.org/wiki/Bureau_of_American_Ethnology.

[6] 克劳德·列维–斯特劳斯提到每卷大概2–3美元。他最终买下了48卷中的47卷。

[7] 提及他于20世纪60年代在芝加哥大学的经历时，拉比诺回忆道，“从哲学层面来说，对我影响最大的是理查德·麦肯”（2008：19）。此时克劳德·列维–斯特劳斯也在芝加哥任教。拉比诺写道，“克劳德·列维–斯特劳斯的圈子从未吸引过我”，麦肯对此“非常反对”，但他对这个人本身很着迷。

[8] G.M.福斯特（Foster, G.M.），1959。陶工之轮：对发明中的思想和工艺的分析。《西南人类学杂志》，15（2），99–117.

[9] 图宾根大学，位于德国巴登—符腾堡州的图宾根，建于1477年，是欧洲最古老的大学之一。

[10] 克利福德·格尔茨被认为是“20世纪60年代初至80年代末站在美

国文化人类学前沿的人”。福特基金会的资金主要用于支持合作项目，如哈佛大学的社会关系和麻省理工学院的项目。

[11] 布鲁诺·拉图尔（Bruno Latour）、托马斯·休斯（Thomas Hughes）、约翰·劳（John Law）和其他从事科学技术研究和科学技术社会学的人提出了对象进入人类网络和对象作为参与者的概念（Bijker，Hughes & Pinch，1999）。

[12] Iota Partners+Sapient开发了从物联网（IoT）挖掘数据的方法和设备，“使用基于传感器的数据来扰乱生态系统。”本书将在后面的章节将对他们的工作展开讨论，以说明设计人类学是如何发明新方法和实践的。www.iota-partners.com/.

[13] 许多博客、社群和其他在线资源都提供了论坛，以便人们讨论项目工作和时间压缩带来的挑战。比如社群Anthrodesign，Anthropologists.slack.com（埃米·桑蒂），人类学Slack频道，anthropologists.slack.com，以及EPIC People，www.epicpeople.org/.

[14] “反文化写作（Writing against Culture）”（Abu-Lughod，1991）

[15] 通过解释标志和符号在各个领域（特别是语言领域）的作用而研究的传播学，《牛津英语词典》（2003）。

[16] 设计人类学项目，通常安排在研究生阶段，欧洲和美国都在实施。部分项目案例参见第四章。

[17] 无界研究所（The Institute without Boundaries – IwB）由多伦多乔治布朗学院（George Brown College）设计学院与加拿大设计师和建筑师布鲁斯·莫（Bruce Mau）于2003年合作成立。其使命是“促进学科之间的合作，为21世纪的全球挑战创造创新的本地解决方案。”http://institutewithoutboundaries.ca/about-us/overview/（2017

年1月16日访问改网址）。

[18]《人工科学》（Simon，1969）和《人工政治》（Margolin，2002）都将在下一章中介绍。

参考文献

Abu-Lughod, Lila. 1991. Writing Against Culture. In R.G. Fox (Ed.), *Recapturing Capturing Anthropology: Working in the Present*, 50–59. Santa Fe: School for American Research.

Appadurai, Arjun. (Ed.). 1986. *The Social Life of Things: Commodities in Cultural Perspective*. Santa Fe: School for American Research.

Baba, Marietta. 2006. Anthropology and Business. In H.J. Brix (Ed.), *Encyclopedia of Anthropology*, vol. 1, 83–117. Thousand Oaks, CA: Sage Publications.

Barry, Andrew. 2001. *Political Machines: Governing a Technological Society*. London: Athlone.

Bijker, Wiebe E., Thomas P. Hughes, and Trevor Pinch (Eds.). 1999. *The Social Con- struction of Technological Systems: New Directions in the Sociology and History of Technology*. Cambridge, MA: MIT Press.

Blomberg, Jeanette and Mark Burrell. 2009. An Ethnographic Approach to Design. In A. Sears and J.A. Jacko (Eds.), *Human-Computer Interaction: Development Process*, 964–986. Boca Raton, FL: CRC Press.

Cefkin, Melissa (Ed.). 2010. *Ethnography and the Corporate Encounter: Reflections on Research in and of the Corporation*. New York: Berghahn Books.

Clifford, James and George E. Marcus (Eds.). 1986. *Writing Cultures: The Poetics and Politics of Ethnography*. Los Angeles: University of California Press.

Gough, Kathleen. 1968. New Proposals for Anthropologists. *Current Anthropology*, 9(5), 403–407.

Gunn, W. 2008. Learning to ask naïve questions with IT product design students. *Arts and Humanities in Higher Education*, 7(3), 323–336.

Halse, Joachim. 2013. Ethnographies of the Possible. In W. Gunn, T. Otto, and R.C. Smith (Eds.), *Design Anthropology: Theory and Practice*, 180–196. New York: Bloomsbury.

Hymes, Dell (Ed.). 1969. *Reinventing Anthropology*. New York: Vintage.

Ingold, T. 2014. That's Enough about Ethnography! *HAU: Journal of Ethnographic Theory*, 4(1), 383–395. doi:10.14318/hau4.1.021

Jordan, Ann T. 2003. *Business Anthropology*. Prospect Heights, IL: Waveland Press, Inc.

Kapferer, Bruce. 2010. Introduction: In the Event-toward an Anthropology of Generic Moments. *Social Analysis*, 54(3), 1–27.

Kilbourn, Kyle. 2013. Tools and Movements of Engagement: Design Anthropology's Style of Knowing. In W. Gunn, T. Otto, and R.C. Smith (Eds.), *Design Anthropology: Theory and Practice*. New York: Bloomsbury.

Lévi-Strauss, Claude. 1966. Anthropology: Its Achievements and Future. *Current Anthro- pology*, 7(2), 124–127.

Margolin, Victor. 2002. *Politics of the Artificial: Essays on Design and Design Studies*. Chicago: University of Chicago Press.

Mau, Bruce and Jennifer Leonard. 2004. *Massive Change*. New York: Phaidon.

Mayo, Elton. 1945. *The Social Problems of an Industrial Civilization*. Andover, MA: Andover Press.

Miller, Christine. 2017. Owning It: Evolving Ethics in Design and Design Research. In T. de Waal Malefyt and R.J. Morais (Eds.), *Ethics in the Anthropology of Business*, 87–102. New York: Routledge.

Nietzsche, Friedrich W. 1997. *Untimely Meditations*. New York: Cambridge University Press.

Otto, Ton and Rachel C. Smith (Eds.). 2013. Design Anthropology: A Distinct Way of Knowing. In W. Gunn, T. Otto, and R.C. Smith (Eds.), *Design Anthropology: Theory and Practice*, 1–29. New York: Bloomsbury.

Rabinow, Paul. 2003. *Anthropos Today: Reflections on Modern Equipment*. Princeton, NJ: Princeton University Press.

Rabinow, Paul, George E. Marcus, James Faubion, and Tobias Rees (Eds.). 2008. *Designs for an Anthropology of the Contemporary*. Durham, NC: Duke University Press.

Rees, Tobias. 2008a. "Design" and "Design Studio" . In P. Rabinow, G.E. Marcus, J. Faubion, and T. Rees (Eds.), *Designs for an Anthropology of the Contemporary*, 115–121. Durham, NC: Duke University Press.

Rees, Tobias. 2008b. "Introduction: Today, What is Anthropology?" In P. Rabinow, G.E. Marcus, J. Faubion, and T. Rees (Eds.), *Designs for an Anthropology of the Con- temporary*, 1–12. Durham, NC: Duke University Press.

Schwartzman, Helen B. 1993. *Ethnography in Organizations*, vol. 27. In J. van Manaan, P.K.Manning, M.L. Miller (Series Eds.). Qualitative Research Methods Series. Newbury Park, CA: Sage Publications.

Simon, Herbert. 1969. *The Sciences of the Artificial*. Cambridge, MA: MIT Press.

Suchman, Lucy. 2011. Anthropological Relocations and the Limits of Design.

Annual Review of Anthropology, 40, 1–18.

Tunstall, Elizabeth. 2013. Decolonizing Design Innovation: Design Anthropology, Critical Anthropology and Indigenous Knowledge. In W. Gunn, T. Otto, and R.C. Smith (Eds.), *Design Anthropology: Theory and Practice*, 232–250. New York: Bloomsbury.

van Veggel, Rob J.F.M. 2005. Where the Two Sides of Ethnography Collide. *Design Issues*, 21(3), 3–16.

Wasson, Christina. 2000. Ethnography in the Field of Design. *Human Organization*, 59(4), 377–388.

第二章　设计的根源

一、概述

设计的历史不仅是（设计）对象的历史，它还呈现了设计师们关于主题的认知发展历程，以及在其指引下思考、计划并生产出具体的（设计）对象的历程。我们可以更进一步地说，设计史记录了设计史学家们对设计主题的定义。

（Buchanan，1992：19）

正如第一章所谈到的，第二章引用了特定文本，通过它们可以实现两大目标：第一，勾勒每个研究领域的历史轨迹；第二，探索促进超学科融合——设计人类学的遗产和论述。本章的目标是追溯设计活动，这些活动将我们引向了一个空间，在那里，设计师有可能（事实上，是有必要）整合其他学科的方法和理论，以应对他们被动（或主动）解决的挑战。本章引用的文本强调了对话中出现的特定问题，这些问题对该领域的发展至关重要。它们“解读”了设计实践发展的语境。尽管每一篇文章都代表了一个特定的时间点、议程和观点，但还是有一些话语线索——既有支持的，也有冲突的——将文本跨越时间和空间连接了起来。这些文本并不呈现设计演变的线性进程，它们不是按顺序排列的。相反，这些文本阐释了当代世界设计理论和实践的诸多话语和思想，促进了特定目标和实践的发展，其中一些已经合并形成了新的研究领域（Margolin，2002）。

进入20世纪后半叶，设计学变得更为开放，这个时期，也是专业设计出现的时期，其特点是与美术、工艺和商业逐渐剥离。那时，新的思想运动正在挑战现代主义主流范式，该范式对20世纪早期的艺术和文化产生了重大影响。《人工科学》（Simon，1996）和《人工政治》（Margolin，2002）提出了一系列关于自然和人工构造的论述，这些论述已被设计领域内外的学者广泛引用并批判。这些文本对当代设计有重要的启示意义，并为我们提供了一个视角，从中我们可以探讨它们在未来制造和创新范式中的作用。

二、人类学的意义与启示

人类学认为，设计领域范式转换的意义在于，从以对象为中心的设计转向以用户为中心或以人为中心的设计。对这些文本的探索吸纳了露西·萨奇曼对“批判性的设计人类学”的呼吁（2011：3），同时，我们也认识到（Gatt & Ingold，2013）萨奇曼的提议是：

> 有局限的，因为它把人类学范畴中，与设计有关的范围缩小到了民族志的研究。而且，它对设计科学的出现——特别是20世纪下半叶在美国的出现——其理解是仅局限于历史和地理的范畴的。
>
> （2013：140）

这两种立场都具有重要意义。萨奇曼认为，“与人类学一样，设计学需要认识它所处位置的特殊性，将自己定位为一个（尽管是多重的）转型的形象和实践。”如前文所说，在描述设计的局限性时，萨奇曼提醒我们注意“传统设计方法是如何（必然）对人类学感兴趣的问题保持沉默的”（2008：3）。以下章节引用了一些文本来说明为什么在设计领域内外进行批判性设计实践的要求是如此迫切。在加特和英戈尔德看来，设计作为一个专业实践的领域，其地域性差异是十分显著的，特别是在美国和欧洲。这表明，“设计人类学”需要多种地域背景的、更全面的研究。此外，加特和英戈尔德争论道：“‘人类学’公式的问题在于，无论是应用于设计还是任何其他人类活动，它都会把所讨论的活动变成一个分析对象”（2013：140）。这使得人们几乎不可能将活动视为一个动态的、不断发展的发明、创作和创新的空间。

相反，我们的目的是将设计恢复到人类学学科实践的核心。这并不是提倡回归认知主义。而是指，就设计而言，除了预先设定好的关键要素，还有其他的认知方式；就人类学而言，除了是对已经发生事件进行描述和分析，也还有其他的认知方式。

（2013：140）

这个目标意味着在两个领域进行重新构想。

它应该是一种开放的设计概念，会涉及希望和梦想，涉及日常生活中的即兴动态，涉及人类学这种被认为是针对人类生活的各种条件和可能性的推测性研究的学科。

（2013：141）

加特和英戈尔德将这一重新思考设计学和人类学的概念称为“关联”（correspondence），一种与世界积极接触的实践。他们提出设计人类学——“以设计为手段的人类学”——作为一种实践，“寻求与它所依托的生活相关联，而不是将其描述出来”（2013：144）。这一重新制定的实践概念将研究者从该领域的参与观察者扩展到“参与介入者”：既是一个项目外的研究者，也是一个项目内的研究者（2013：51）。

以下小节的文本为我们提供了一个机会，使我们可以从一个富有潜力的批判性角度去思考设计，追溯设计理论和实践的发展。下一节介绍了第一个节选文本：《人工科学》，其中西蒙（1996）提出了“设计科学”的概念。在这一系列讲座和论文中，西蒙对“自然”和“人工”科学做出了鲜明的区分。通过广泛的归纳，他在“人工科学”概念的基础上建立了一个设计定义。人工科学包括工程学和心理学等那些运用了自然科学理论的学科。西蒙认为，自然科学关注的是描述世界的现状并认识它是如何运行的，而人工科学的任务则是运用对自然世界的认知来思考世界的未来：一个充满发明与设计的世界。

三、人工科学：理性与设计科学

《人工科学》于1969年出版，并于1981年和1996年再版。在该书中，西蒙将设计的概念扩展到所有“专业领域”，包括工程学、医学和管理学。随着这些领域的专业化和形式化的推进，西蒙关于理性的主题，特别是赫伯特·马尔库塞（Herbert Marcuse）（1964）所描述的“技术理性”，呼应了逐渐占据主导地位的统计分析、运筹学和系统设计，同时也与二战后军工综合体的兴起相匹配。《人工科学》的基本主题是理性及其局限。西蒙把理性的思想或行为等同于“效用最大化”（1996：39），从经济学意义上讲，效用在某种商品或选择上是“一种衡量偏好的标准”[1]。

在《设计科学：创造人工物》一文中，西蒙写道，

> 工程师不是唯一的专业设计师。每个通过行动将现状进行优化的人都是设计师。从本质上来说，生产实物的认知活动，与为病人设定疗法、为企业制定新销售计划，或为国家制定社会福利政策的认知活动并没有什么区别。设计，是被精心建构的，是所有专业训练的核心，也是区分专业性和科学性的主要标志。
>
> （1996：111）

西蒙认为设计是一门人工科学，是商业、建筑、工程、医学、教育、法律和新闻等领域“业界活动”的关键组成部分。西蒙认为，这些领域从本质上对改变持积极态度；它们不同于自然科学——数学、生物学、物理学和其他关注“事物是如何存在和如何工作”的科学领域（1969：111）。他认为自然科学领域依赖于标准或逻辑的“常见”形式：演绎推理和归纳推理。另一方面，西蒙称之为“人工科学”的领域，即那些设计起着关键作用的领域，关注的是“在加入人工设计的成分之后，事物是怎样达到其目标的”（1996：112）。

西蒙认为，设计需要一种不同类型的逻辑，一种能够涉及世界的可能性逻辑和我们将怎样的逻辑？在西蒙出现的许多年前，美国逻辑学

家、数学家、科学家兼哲学家查尔斯·桑德斯·皮尔斯（Charles Sanders Peirce）（1839–1914）将这类推理定义为溯因推理（abductive reasoning），即探讨真相是什么的逻辑。皮尔斯（1877）的溯因推理允许存在溯因跃迁，以探索更多解决问题的可能性。今天，溯因推理被认为是设计过程或“设计思维”的核心。有趣的是，根据罗杰·马丁（Roger Martin）（2009：65）的说法，西蒙并没有提到溯因推理作为设计中推理的一种形式，可能是因为在皮尔斯职业生涯后期，其理论受到了质疑。

1．赫伯特·西蒙

赫伯特·西蒙是美国政治学家、经济学家、社会学家、心理学家和计算机科学家。在长期的交叉学科学者生涯中，他获得了多项著名奖项，包括1969年美国心理学会杰出科学贡献奖、1978年诺贝尔经济学奖和1986年美国国家科学金奖。他认为可以科学地研究人类行为，他提出了有限理性理论（bounded rationality），该理论认为，我们作出理性决定的能力受到三个因素的限制：我们可获得的信息、我们的认知能力以及决策过程中的时间框架（Gigerenzer & Selten，2002）。西蒙的“满意”概念解释了作为决策者，我们所做的决策是在任何既定的时间内我们所能做出的最好的——一个令人满意的决策——可能并非是最优的决策（Simon，1956）。能做出令人“满意”的决定就足够了。

西蒙将两种“科学”区分开来：自然科学——即现实世界——包括生物学、植物学、解剖学、物理学和数学，这些都是遵循自然规律的子学科，它们赋予自然现象“一种必然的气氛”。人工科学——工程学、医学、商学、绘画和建筑学——“与必要的无关，与偶然的有关——与事物的现状无关，与事物的未来可能性有关”——简而言之，与设计有关（Simon，1996：xii）。

西蒙对自然科学学科的定义立足于它们的历史和传统任务："教授自然事物：它们是如何存在和如何工作的"（Simon，1996：110）。与此相反，人工科学的任务是"设计旨在改变现有条件的行动路线"。西蒙认为，生产人工物所涉及的认知过程与设计桥梁、制定政策或制定经营战略所需的基本相同：这些活动都涉及设计。因此，工程、商业、教育、法律和医学等专业学科的教育和培训"都与设计过程密切相关"（Simon，1996：111）。

2. 人类学的启示何在?

基于这一观点，设计作为一个专业领域，其重要性得以凸显，但同时，从人类学的角度来看西蒙的主张，也是存在问题的，因此有时他也会将人类学暂定为一门自然科学。如果我们接受西蒙的推理，把人类学放在自然科学的领域，那么人类学的任务就是对人类社会做出科学的描述。因此，这项任务本质上是描述性和解释性的：描述"事物"是如何存在的，并解释它们是如何运作的。在传统惯例中，人类学一直以来就是这样。然而，导致对人类学进行重新评估和后续改造的条件，以及"应用"人类学与传统学科形式之间的分裂，催生了在西蒙的图式中如何定位人类学的问题。超学科子领域的出现，如设计人类学，挑战了该学科的基本原则，这一主题将在接下来的章节中详细讨论。

西蒙对自然科学和人工科学的区分，简化了对基础科学和人工科学之间关系的认知。他的这一理论来自将苏珊·利·斯塔尔（Susan Leigh Star）（1989）称之为"删除的过程"运用到理解那些使问题复杂化的因素上。斯塔尔引用了西蒙（1973）对"结构不良"问题（ill-structured problems，ISP）和“结构良好”问题（well-structured problems，WSP）的区分，并指出在学习做科学工作时，优化结构不良的问题是必不可少的过程。

> 科学家把结构不好的问题分解开，并把它们当作结构良好的问题来处理，以便完成工作。创建结构良好的问题需要忽略复杂性：环境中的不确定性、对象或参与者的反应、不可预见的交互作用。为了能在实际中进行研究，必须将复杂情况、可能的影响以及例外情况排除在外。在此过程中，人们开发出了易于管理的目标、图像和任务。
>
> （Star，1989：189）

戴安娜·福赛思（Diana Forsythe）（1999：143）认为删除复杂因素的过程使社会性和交际性工作变得“不可视”。然而，这些因素是人类学和以用户为中心的设计的核心。

通过将设计广义地定义为所有专业领域共享的活动，并将其定位于人工领域，西蒙把理性确立为设计的指导原则，使技术优先于艺术和直觉。

3. 认识人工物和系统：内外环境的二分法

西蒙对“内部环境”“人工物本身的物质和组织”和“外部环境”“人工物的周围环境”进行了严格的区分。他指出，“这种观察人工物的方式同样适用于许多非人工物——事实上，它适用于一切可以适应某种情况的东西；特别是，它适用于通过有机进化力进化而来的生物系统”（Simon，1996：6）。早期系统思维和西方科学的影响力是显而易见的。

理查德·布坎南（Richard Buchanan）（1998：14）指出，早期的系统思维之间的差异“尽管也从整体出发，但根本上是唯物主义的，是具有还原论的倾向的。”在这种语境下，整体被视为物质的：“‘物’或信息被视为‘一件东西’”。布坎南并没有直接引用西蒙，而是将这种观点描述为：“这种形式的系统思维根本上与方法的结构有关，它只提供了对未来挑战的一种预期，这些深度挑战能决定周围环境和结局。”后来的设计思维形式开始强调，在决定系统如何工作时，社会的作用和人的影响。布坎南引用了质量运动“作为高端系统工程的一种形式”，指出“这一运动的根本特征并不像人们所说的那样，是对统计指标的关注，而是对组织内部集体性的人类群体的重新发现”（1998：14）。

为了解释内部和外部环境之间的关系，西蒙将飞机和鸟类进行了比较，他发现解释飞机内部工作环境（其动力装置或发动机）、外部环境（不同高度大气的条件），以及内外部环境之间关系的理论借鉴了自然科学。鸟类飞行的理论也依赖于自然科学的解释。因此，西蒙认为，对于飞机和鸟类都可以用自然科学的方法进行分析，“不需要特别注意目的或适应性，也不需要参考我说的内外环境之间的界面。毕竟，它们和其他任何事物一样，其行为都受自然法则的支配”（1996：7）。

西蒙认为，“理性”在人类行为科学中的作用类似于“自然选择”在进化生物学中所起的作用。因此，他认为，这个解释“需要对内外环境有大致理解”。想要预测任何复杂系统，如企业组织的行为，并不一定要了解内部环境的复杂性。比如，西蒙写道：

如果我们知道一个企业组织只是一个利润最大化的系统，通常可以预测到，如果我们改变环境，该企业组织的行为会如何变化。有时我们可以做出这种预测……而无需对构成企业内部环境的决策机构——适应性机制进行具体假设。

（1996：9）

西蒙证明了在预测复杂系统的行为时，忽略其内部工作的必要性。相反，一个复杂系统的焦点和目标是使内部手段与外部环境相适应，以达到效用最大化的目的。根据西蒙的说法，人造世界“精确地集中在这个内部和外部的界面上”。如何使手段适应目标？这个问题的核心是“设计过程本身”，因此，“设计逻辑”（logic of design）是“祈使逻辑”（imperative logic）的范例，是实现该目标的一套既定规则。

4．专业设计的兴起

20世纪70年代，专业设计在欧洲和美国蓬勃发展，在西蒙生活的时代背景下，他对设计的广泛定义和他提出的“设计科学”促进了专业设计的进一步发展。许多设计师——建筑师、工业设计师和平面设计师——在美国成为了名人。这一时期的设计师被认为是“现代”的先驱。在这期间，查尔斯和雷·伊姆斯（Ray Eames）设计了伊姆斯休闲椅木（Lounge chair Wood），通过光滑的模压胶合板传达出了独特的现代感，并于1946年投入生产。[2]除了设计对象，他们还利用多种媒介开发项目。在建筑学方面，弗兰克·劳埃德·赖特（Frank Lloyd Wright）因其对材料的创新运用[3]、独特的草原学派、后来的有机[4]建筑风格以及建筑结构（如他最后的建筑项目，纽约市所罗门·R·古根海姆博物馆[5]）而广受赞誉。这一时期的许多其他设计师都获得了国际认可，包括建筑师密斯·凡·德罗（Mies Van der Rohe）（1886—1969），勒·柯布西耶（Le Corbusier）（查尔斯–爱德华德–杰纳雷特–格里斯［1887—1965］）和瓦尔特·格罗皮乌斯（Walter Gropius）（1883—1969），1919～1933年间德国包豪斯的第一任校长。

随着名人设计师的到来，新一轮设计运动出现了。欧洲和美国都建立了设计学院。乌尔姆学院（1953–1968）[6]［深受德国包豪斯运动（1919–1933）[7]影响］和伊利诺伊理工大学设计学院（由包豪斯的拉斯洛·莫霍利–纳吉创办）就是其中的两个例子。二战时和二战后，许多包豪斯设计师迁往美国。1961年，两名乌尔姆的毕业生将乌尔姆模式带到阿拉巴马州奥本大学的设计学院，在那里，以用户为中心的系统设计过程被纳入设计课程，并影响了几代设计师。

1969年《人工科学》出版时，美国的工作室、设计学院和综合性大学，包括麻省理工学院（MIT）、哈佛大学和卡内基梅隆大学，都已经设置了设计专业。明显区别于美术、手工艺和那些依赖学徒制的传统设计行业，专业设计是建立在证书制度基础上的一个正式的专业领域，在认证机构学习规定课程后方可获得证书。与行业协会一样，专业设计组织的成立是为了代表和保护持证从业人员的权益。职业化的过程造成了“职业封闭”（occupational closure），有效阻止了未经认可的个人和业余爱好者从事这一行业。设计专业化也与性别政治有关，这种政治含蓄或明确地将设计专业限制在单一性别。设计，特别是工业设计，在传统上一直是男性主导的行业，尽管随着服务设计和设计管理等新的分支学科出现，这一点正在发生变化。这种转变在学生群体中很明显；然而，今天许多设计系的教师仍然都是男性。

四、人工政治学：设计和设计研究的论文集

在《人工政治学：设计和设计研究的论文集》（*The Politics of the Artificial*：*Essays on Design and Design Studies*）（译者注：该书于2009年10月由江苏美术出版社出版，译名为《人造世界的策略——设计与设计研究论文集》）一书中，设计史学家维克多·马格林（2002）在21世纪初回顾了设计和设计研究。用模仿《人工科学》标题方式命名自己的论文集，马格林公然挑衅了西蒙“隐含的假设：人们在设计行动方案时，可以不涉及社会中的所有复杂性和矛盾性，且不需要对这些复杂性和矛盾性进行批判性的反思”（2002：7）。马格林并未止步于在标题上做文章，他的多篇文章都针对西蒙的观点，尤其关注“人工”的概念及其与“自然”的关系是如何通过新技术和他所谓的“技术修辞学”展开的。

随着20世纪后半叶个人观点和兴趣的不断发展，马格林抓住了设计领域的问题、关注点和主题。在《人工政治学》的绪论中，他谈及了他早期探索“试图解释将所有形式联系起来的统一原则，无论它们看起来多么不同”，如何演变成了将设计“作为揭示人类创造世界意图的工具”的观点（2002：2）。作为设计史学家和《设计问题》（*Design Issues*）期刊（MIT出版社出版，1984年至今）的创办人和编辑，马格林开始将设计对象视为“一种更为广阔的视野，设计师以此视野来看待世界”。马格林认为设计体现了“世界曾经是怎样的或可能是怎样的”，因此他认为设计同时存在于西蒙提出的两个范畴中。换句话说，根据西蒙的自然和人工概念，马格林暗示了设计既是一门自然科学（世界是怎样的，它是怎样运行的），也是一门人工科学（世界可能是怎样的）。马格林解释了他的“响应式环境（responsive environment）”的概念，他从1984年开始探索，并试图通过这个概念“解决设计如何在人类发展中发挥精神

作用的问题”（2002：3）。他对灵性的兴趣，是他的可持续性愿景的潜在价值，在他的后续著作中继续作为主题出现。

学科内部的话语结构可以使设计成为一门自我反思的学科和批判性的实践，其重要性是马格林写作中一个持续的主题。促进跨学科知识流动并使实践者能够参与多元学科协作的交叉学科交流，也是他主要关注的问题之一。马格林认为，即使是在同行之间，设计师也缺乏沟通能力。他解释说，随着培训的专业化划分，如建筑设计（“仍然处于设计阶级的顶层”）、平面设计、产品设计和工业设计，“这些专业的从业人员，在向自己和他人解释自身工作这件事的重要性上，有自己不同的见解”（2002：29）。马格林指出，产品设计在自我反省方面的进展尤其缓慢。以欧洲设计为例，马格林认为，产品设计被狭义地定义成了“塑造物质对象的实践”。产品设计原本是源于美术的，只是随着时间的推移，这一实践吸纳了“有限的技术知识”而已（2002：30）。

20世纪30年代的美国也存在类似的情况。将设计作为制造过程的一个组成部分，此时出现了诸如雷蒙德·罗维（Raymond Loewy）（1893—1986）、沃尔特·多温·提格（Walter Dorwin Teague）（1883—1960）、诺曼·贝尔·格迪斯（Norman Bel Geddes）（1892—1958）和亨利·德雷夫斯（Henry Dreyfuss）（1904—1972）等设计师，他们时尚的、现代的设计风格颇具标志性。例如，在交通运输方面，罗维因宾夕法尼亚州铁路S1蒸汽机车的设计、汽车制造商斯蒂旁克汽车（Studebaker）的设计以及协和式飞机和美国宇航局天空实验室的内部设计而闻名。罗维的设计——贝尔·格迪斯的未来主义项目，以及亨利·德雷弗斯设计的西电302电话和公主电话等电信产品，确立了20世纪中叶的现代主义设计。罗维为埃克森美孚、壳牌、英国石油和环球航空等工业巨头设计的标志被认为是经典。马格林指出，这些设计师都具有插画、舞台设计或相关领域的实践背景。在他看来，他们是“机会主义者和表演者”，他们的雇员都精通绘画和工程等必要的技术技能。作为一个团体，马格林声称他们“以他们的艺术知识而不是技术专长而闻名”。他指出，亨利·德雷弗斯是一个例外，因为他在设计过程中采用了人为因素。德雷弗斯的设计开创了一种被称为“造型（styling）”的设计方法，“给产品一个强烈的视觉形象”（2002：30）。他们能够提供持久一致的方法和演示，以激发客户的信心。

1．揭示政治学的含义：对人工的批判

马格林的文章《人工政治学》的中心主题是“人工及其边界”（2002：109）。马格林利用了西蒙对设计的定义——设计是一门“人工科学”——一门人造的、意在改革的科学，并将其作为一个积极概述后现代思想运动的起点。这篇文章的主要贡献在于它强调了后现代对设计的影响和启示，以及西蒙“人工”概念的局限性。

首先，马格林提醒我们，直到不久前，“自然与文化”或“自然与人工”之间的区别也还是很明显的，“设计当然属于文化领域”（2002：107）。

> 如果我们认为设计是人工的概念和规划，那么它的范围和界限就与我们对人工范围的认识密不可分。也就是说，我们在扩展构思和计划的领域时，也在扩展设计实践的边界。在某种程度上，设计侵入了曾经被视为属于自然而非文化的领域，由此它的概念范围也随之扩大。
>
> （2002：107）

要正确看待这一说法，我们有必要回顾20世纪中期开始的从对象到用户的转变。马格林指出，对于早期的设计理论家，如亨利·克勒[8]（Henry Cole）来说，设计的概念“与对象密不可分”，设计师的角色是“改善产品的外观”。

这种论述及其在设计和工业之间所构建出的关系一直延续至今。现今大多数当代设计师都回避“造型”这个词，因为它严重限制了他们的能力，而在20世纪30年代，“美国的著名设计师”毫不掩饰他们对造型的重视，这一点我们在上文已讨论过。

不久前专业设计还是以设计对象为中心的。与此同时，赫伯特·西蒙和约翰·克里斯·琼斯（John Chris Jones）等理论家开始更广泛地扩展设计的概念，认为设计过程“是我们文化中一切事物的基础，包括物质和非物质的”（Margolin，2002：108）。西蒙宣称“每个通过行动将现状进行优化的人都是设计师”（1996：111）。

在西蒙的观点——设计存在于人工领域——的基础上，马格林讨论了设计理论家和他们所引领的思想运动，并围绕后现代世界颇具争议的两个术语——意义和现实，建构了论述框架。人们提出的关于意义——对象和设计的意义——以及当代世界现实的本质问题，标志着自然和人工之间的界限正在变得模糊。从现代主义运动开始，马格林追溯了早期现代主义设计师的观点，他们“认为意义是嵌在设计对象中的，而不应妥协于设计对象和用户之间的关系。”

设计对象被认为是价值的标志，因为它具有一系列无可争议的参照标准，如清晰、美丽、完整、简洁、节约和功能等。“形式服从功能”（form follows function）这个还原主义口号认为“使用”是一个明确的、毫不含糊的术语。因此，设计对象的意义在于它们与价值观的关联中，这种价值观根植于人们的信仰。

（2002：108）

后结构主义者挑战了“作为基石的信仰”的概念和赋予意义的“权利”的行使条件。然而，关于现实的本质，人们提出了一个更为棘手的问题，马格林认为这个问题是早期现代主义者无法解决的。他引用了安德里亚·布兰齐（Andrea Branzi）（1988）的观点，即事实上，（历史上）有两次现代性，

对于第一次现代性来说……现实是一个无可争议的术语，被认为是将意义归属于对象、图像和行为的坚实基础。如今，情况已经改变，任何时候提到“现实”都必须加条件以限定，正如使用“意义”一词时那样；因此我们无法确定，如何或能否围绕作为意义基础的现实或真实划定界限。

（2002：108）

马格林认为，在西蒙1969年提出的“人工科学”理念的呼吁中，将自然设置成了一个配角，它扮演了“意义的角色，在此背景下，一种科学或一种广泛接受的设计实践可以被定义出来”（2002：109）。尽管西蒙清楚地认识到了自然与人工的明显差异，以及对它们所扮演的角色的概括，但布兰齐提出的第二次现代性浪潮使这种必然性受到质疑。

马格林声称西蒙的“自然实证主义结构也正是其设计方法论的模型”（2002：108–109）。西蒙认为，自然科学和人工科学基于不同形式

的逻辑——自然科学基于陈述性逻辑，人工科学则基于“适度改编的普通陈述性逻辑”（Simon，1996：115）。然而，马格林认为，人工科学使用的方法模仿了自然科学的方法。西蒙对方法论差异和行为方式的解释，与他建构的自然科学和人工科学的差异化的认知方式是不一致的。

从任何维度来看，布兰齐提出的第一次和第二次现代性之间的转变都不是无缝连接的，无论是从心理上、时间上、事实上，还是地域上。随后的思想运动和对后现代主义的批判，使人们的视野不再局限于布兰齐的两次现代性。事实上，我们共同生活在多重现代性之中。

2. 科学的真理：模糊自然与人工的界限

> 通过把科学思想作为一种语言结构，批评家们试图挑战以前对科学真理的信仰。因此，这两个有争议的术语，“意义”和“现实”，严重破坏了第一次现代性建立的设计理论和实践的确定性。
>
> （Margolin，2002：109）

对后现代时期的批判引发了更多关于“意义”和“现实”有效性的问题，挑战了“自然与现实的简单等式”。马格林列举了保罗·费耶阿本德（Paul Feyerabend）（1988），唐娜·哈拉韦（Donna Haraway）（1994），斯坦利·阿罗诺维茨（Stanley Aronowitz）（1988），让·弗朗索瓦·利奥塔德（Jean-François Lyotard）（1984），以及许多其他动摇了对科学和客观真理的信仰的研究者。这些批评质疑了把自然当作现实的认知，反驳了将自然和有关自然的等同于现实的观点（2002：109）。面对这些问题，设计需要作出改变，进而挑战西蒙的自然科学和人工科学的分类。虽然马格林无法确定新的设计语言将如何发展为“对设计实践的重新审视”，但他相信中心主题将是“人工及其边界”（2002：109）。

马格林指出，西蒙于1969年在麻省理工学院做了第一场康普顿（Compton）讲座，听众主要是技术型专业的，倾向于发明，因此大多乐于接受他对设计的描述。西蒙对自然和人工的区分“标志着人类为实现自身目标而创造了人工世界，同时人类也尊重自然世界的并行目标”（2002：109）。因此，人工是人类行为的结果，包括合成和制造：设计领域。西蒙认为，人工的一个显著特征是“可以模仿自然的表象，但在一个或多个方面，缺乏后者的真实性”（1996：5）。自然世界是需要被观察、描述和分析的，而人工世界是设计和发明的产物，可以模仿自然世界，但决不能与之相提并论。在西蒙看来，人工与自然之间的界限十分清晰，并且是难以逾越的。

后现代主义挑战了把自然与现实等同起来的隐含假设，使西蒙给自然与人工划分的界限出现了问题。马格林认为，将模糊界限与生物技术等快速发展的领域的技术可能性相结合，会创造出一种新的可能性，即人工代替了自然而不是模仿自然（2002：112）。

五、当代设计批评

后现代批评对设计有何启示？我们应该如何协调西蒙对设计的广泛定义？该定义不仅包括工业设计和产品设计、平面设计以及建筑设计等传统专业领域，还包括服务设计、交互设计、体验设计和技术设计，以及诸如生物技术等混合学科的新兴领域。有没有可能把这些领域的设计产品从它们的社会和文化背景中分离出来，或者从它们的预期和非预期后果中分离出来？

马格林认为，尽管20世纪的设计师有能力设计出成功的产品，但除了少数个例[9]，大多数设计师都缺少对“他们职业的文化问题或社会问题”的关注（2002：30）。设计中关于技术和美学的价值侧重的分歧，造成了设计师缺乏反思和“批判性实践理论”（2002：37）。维克多·帕帕奈克（Victor Papanek）（1973）等人提出了产品设计或工业设计实践中的社会条件和文化条件问题，但他们终其一生都没能使这一论述推广到整个设计领域，或成为不断自我反思和辩论的工具。然而，他们的贡献在接下来的几十年里仍有影响力，为讨论可持续性、设计商业化及其与工业和技术科学的关系等问题提供了理论依据。

在战后专业设计发展的关键时期，许多设计师都在反思，专业设计忽视了设计实践对社会、文化和环境的影响。在“设计人类学的未来”大会的开幕辞中，艾莉森·克拉克（Alison Clarke）（2015）将20世纪60年代和70年代确定为设计人类学的开端，她指出以乌尔姆学派为代表的“工业制造”实践转向了人类学语境。为说明帕帕奈克等人对主流商业设计范式的挑战，克拉克列举了将设计上升为交叉学科领域的意大利设计杂志《卡萨贝拉》（*Casabella*），并引用了欧内斯托·罗杰斯（Ernesto Rogers）的社论《连续性》（*Continuity*，1954年），同时也提到了《卡萨贝拉宣言》（*Casabella manifesto*），该宣言拒绝将设计概念作为消费诱因。

设计界内外的批评已被许多理论家和实践家记录了下来，他们对设计有着深刻认识。尽管这些批评论述所涵盖的范围并不大，但是，随着设计在媒体上的知名度增加，设计师面临的问题会更加复杂，当代文化中的设计几乎成为创新、未来创造、技术进步的代名词，设计批评从战后一直延续到了现在。例如，硅谷的一位技术专家断言“未来即将到来”，也引发了人类学家露西·萨奇曼的回应，她认为，技术社会的特征反映在创新与技术进步之间千丝万缕的联系中。

巴里（2001）指出，技术社会的标志之一是随着技术的革新，特权发生了变化，当权者也发生了变化，这就是一种发展取向（p.201）。反之，创新又被嵌入了一个更广阔的文化想象中，这个想象假定了一个总是落后的世界，一个总是需要受过训练的人在其中斡旋，才能跟上时代的世界：总之，一个需要设计的世界。

（2011：5）

当专业设计的力量和影响被运用到技术设计中，而没有对自身实践进行自我反省和批评时，其造成的社会、文化和环境影响充其量只能摆在关注点的第三位。在设计领域和设计教育中，设计观点在不断变化，而作为"棘手问题"的处理者（Buchanan，1992；Rittel & Webber，1973，1984），设计师们解决问题的责任感也越来越强。

1．社会转型：为其他90%的人设计

媒体报道了成功的产品开发中设计的重要性，从而激发了人们的无限热情，他们试图将"设计思维"作为解决关键社会问题的替代方法。库珀休伊特国家设计博物馆（The Cooper-Hewitt National Design Museum）的展览"为其他90%的人设计（Design for the Other 90%）"（Smithsonian，2007）精选了一些案例，来自世界各地的"设计师、工程师、学生和教授、建筑师和社会企业家"为了满足了底层人群的需求而设计。

这场"为其他90%的人设计"的运动起源于20世纪六七十年代，当时经济学家和设计师希望找到简单、低成本的解决方案来消除贫困。当时，设计师们直接与他们产品的最终用户合作，强调协同创作以满足他

们的需求。其中许多项目采用市场原则创收，以此摆脱贫困。贫困农民成为微型企业家，而家庭手工业则更多出现在城市地区。一些有重大突破的设计获得了专利以保证其质量，而另一些设计则带动了在当地和国际上的传播和适应。

（Smithsonian，2007）

这场运动标志着社会领域的革新，其特点是：

这些设计创新涵盖了一系列广泛的现代社会问题和经济问题，促进了可靠型、可持续型的经济政策。它们帮助而不是剥削相对贫穷的经济体；尽量减少对环境的影响；增加社会包容性；改善各级医疗条件；提高教育的质量和普及性。这些设计师的话语充满激情，他们的观点涉及了有效解决问题的各个方面。展出的每一件物品都讲述了一个故事，并提供了一个窗口，通过该窗口我们可以观察到这个正在扩展的领域。“为其他90%的人设计”展示了无论是在国内还是世界各地，设计如何成为拯救和改变生活的动力。

（Smithsonian，2007）

社会创新为有良知的设计师开辟了道路，一股新的批评浪潮也随之而来。

2．人道主义设计是新帝国主义吗？

媒体的报道使公众更加关注设计不断扩大的作用，人们对“为其他90%的人设计”中提及的设计的适用性，以及设计师的技能和所受教育提出了质疑。当被问及“人道主义设计”是不是“新帝国主义”（Nussbaum，2010）时，设计评论家布鲁斯·努斯鲍姆（Bruce Nussbaum）描述了他热情呼吁设计师“行善”和“改变世界”时，是如何被非西方观众不那么热烈的反应蒙上阴影的。努斯鲍姆见证了在两次不同的演讲中，非西方观众对视觉设计产品（如每个孩子一台笔记本电脑和XO平板电脑）背后的假设表示不满（OLPC，2015）。在设计师埃米莉·比利顿（Emily Pilliton）（H工作室）的演讲后，努斯鲍姆回顾了西方观众和非西方观众的反应差异：

> 演讲后有出于礼貌的掌声，但令我惊讶的是，也有很多人大声抱怨艾米丽，他们说“她凭什么认为自己可以就这样插手我们的问题？”这是一种假设的挑战，它让我冷静下来——回到我在“和平队”（Peace Corps）的日子，当时我从菲律宾朋友那里听说了很多关于西方文化帝国主义的事情……设计师深入乡村生活，“理解”它，优化它——以他们“现代”的方式，他们是新型人类学家还是传教士？
>
> （Nussbaum，2010）

努斯鲍姆并不是唯一提出这些担忧的人。针对早先“非殖民化”的呼吁，人类学家伊丽莎白·（多莉）·滕斯托尔（Elizabeth（Dori）Tunstall）提出了“设计人类学方法论，以回答人们如何打造一个设计学和人类学参与的非殖民化过程”（2013：232）。与努斯鲍姆一样，滕斯托尔质疑了将设计思维应用于解决人道主义问题的假设：“虽然设计思维代表了西方商业思维的进步，但对于已有本土思维方式以及批判性的线性和理性模型的地方来说，设计思维的介入意味着什么？”（2013：237）。

人类学对其作为“殖民主义附庸”的遗产采取了批判性态度，它质疑设计创新的作用，并提醒人们注意本土认知方式，从而影响了设计过程。滕斯托尔引用了费耶·哈里森（Faye Harrison）（2010）的观点，主张“将设计人类学的研究领域从‘全球不平等和非人化的普遍力量中解放出来，并将其牢牢地定位在真正转型的复杂斗争中’”（2013：245）。滕斯托尔认为设计人类学是一种“非殖民化的方法论”，她总结道：

> 设计创新和人类学可以在对抗全球不平等中作出许多贡献。但首先它应该明确坚持尊重的原则，包括尊重人们的价值观，尊重包容性协作设计对这些价值观的解读，尊重从弱势群体的视角去评价这些价值观对他们体验的影响。
>
> （2013：245）

在这一点上，值得注意的是，实现设计实践的新途径是需要进行大量实验的，正如这些评论所揭示的，这些实验必然导致失败和走弯路。然而，每一次新探索都体现了设计的新希望，作为改善地球生命的工具，设计面向的不仅是少数幸运的精英，更是所有人类和其他生命体的可持续未来。

3. 布兰齐的困境：当代文化中的设计意识

20世纪下半叶，设计实践家和理论家之间许多跨越大洲的对话影响了设计的发展。当时的设计期刊、会议和研讨会充当着重要的论坛角色，人们通过这些论坛交流思想，并讨论设计在当代社会和文化中的作用，这也许比它们今天所做的更为重要。通常，学术论文作为介绍、引入或支持特定观点的一种方式，以各种格式出版和再版。这为当时正在进行的对话、辩论和讨论提供了方向和内容。其中一段对话是由《我们是原始人》"We Are the Primitives"（Branzi，1986）一文引发的，该文最初发表在1985年的意大利《摩多》（*Modo*）杂志上。该文由意大利设计师、教育家和作家安德里亚·布兰齐撰写，在1994年赫尔辛基艺术与设计大学举行的国际会议上，该文成为了理查德·布坎南开幕致辞的主要论点。[10]

布坎南的开幕致辞，后来发表在《设计问题》期刊（Buchanan，1998）上，在会议主题"设计：快乐或责任"中，他强调了个人和集体面临的困境，"在当代文化的新环境中：当核心价值观从根本上受到质疑时，如何找到身份认同和道德目标"（1998：3）。选择这篇文章并不是因为布坎南同意布兰齐的观点，而是因为他认为布兰齐"以清晰和优雅的方式"阐述了这一挑战。布坎南指出，会议的主题表明对快乐或责任的选择体现了变化，这些变化几十年来一直影响着设计，且这种情况仍在继续。

布坎南认为，寻找"身份认同和道德目标"的挑战在于一个更深的困境：设计的命运不完全是由设计文化框架或少数人决定的，而是"由整个文化框架决定的。"（1998：3）

> 这个框架的改变近在眼前，它改变了公众的态度，改变了公司的环境，改变了我们理解行业的方式，这些行业是我们与之合作开发出新产品的。
>
> （1998：3–4）

关注点并不是"文化的表面"——即不断变化的时尚、风格和趋势。相反，布坎南指的是“文化背后的哲学引擎：所有参与者从不同角度提出的基本问题、困难和想法”（Buchanan，1998：4）。通过将设计文化置于文化的整体框架内，布坎南结合了布兰齐的“新原始风格”的概念，即“这是一种关注最新潮的前卫时尚的设计，但它却处于各种语言和态度相融合的状态”（1986：23）。

布坎南提到的哲学引擎“是布兰齐在他的文章中所感知到的，而布兰齐的感知之所以越来越强烈，正是因为他对这种新引擎所采取的形式感到不安。”

>……他认为，大体上来说，20世纪初开始的文化和哲学革命又发生了一次转折，并经久不衰地持续到现在。
>
>（Buchanan，1998：4）

布坎南认为，“布兰齐困境”的实质在20世纪后半叶得到了广泛认同。这种困境常常被称为“现代主义的崩塌”，其根源在于对现代主义的理想、及其未能保持“设计与文化的统一意识形态”丧失了信心。现代主义想通过艺术、设计和技术的进步，改善甚至完善人类的承诺并未得以兑现。布坎南同意布兰齐的观点，即“现代主义的‘意识形态降落伞’已经失效”（1986：4）。虽然后现代主义说明了现代主义的断层，但作为一种思想运动，它几乎没有提供启示，更没能为现代主义意识形态给出一个统一的替代方案。

布坎南所描述的困境源于一个对替代方案的寻求：“如果设计界和整个世界文化没有一个统一的意识形态，那么个人应该去哪里寻找身份认同和道德目标呢?”（Buchanan，1998：5）。他否定了布兰齐的另一种选择，即由个人在其个人身份中寻找意义。

如果我们周围的文化没有统一的意识形态，每个人就必须从自己内心寻找个人身份的原始钥匙——语言和密码。世界文化已经不复存在；只存在一个个单独的个体，每个人都在努力在日益复杂的世界中建立个人秩序和意义。

（Buchanan，1998：6）

布坎南提出了一个替代方案，确定了有助于构建20世纪设计和设计专业的四种主要方法。他用“枯竭的”来描述现代主义和后现代主义理论之间的选择困境——要么……要么……，他提出的建议是：

……如果我们正确地将思考和对话——这里的对话指的是一种新的社区活动中的修辞形式和辩证形式——作为当代世界新形势的中心主题，那么还存在第三种选择，它代表了一种更适用于我们复杂形势的，更为灵活的三项辩证法，第三项就是任何有益讨论的中间斡旋环节。这是一个领域，它并非就问题的某个方面所断言的真理，而是实实在在地呈现出的不确定性、假设性和可能性。尽管不同企业的个人价值观或意识形态存在差异，但这个斡旋环节将会是企业间的合作领域。

（Buchanan，1998：17）

布坎南提出的解决布兰齐困境的方案看似简单：用集体的方案解决现代主义和后现代主义理论之间的选择困境——要么……要么……，一种替代了愤世嫉俗和自恋，能设法找到身份认同和道德目标的方案。他最后总结道：

> 有一个观点直接影响了当今设计师的工作。如果我们提出的论点是合理的、有效的，那么我们的任务就不再是为普遍受众、国家集团、细分市场，甚至是被称为“消费者”的抽象意识形态而进行设计。尽管大规模生产在许多社会中继续发挥作用，但设计师的任务是在面对“他”或“她”个体的直接语境中为个人进行设计。我们的产品应该为那些努力成为文化积极参与者的个人提供支持，寻求与当地的连贯性和关联性。在这个令人困惑的文化生态中，产品应当成为一种个人化的路径。
>
> （Buchanan，1998：20）

如何完成这项任务？布坎南提出了“放手去做”的号召。他承认这一挑战的困难，也谈到了设计师如何凭借设计教育的提升更好地为这项任务做准备，这些设计教育的进步是提倡增加个人敏感度，并强调不同类型的知识对设计的影响。他说我们可能会发现一些令人沮丧的设计，但也会看到令人愉悦的设计。最后，他提醒我们，我们都是实验的参与者。

> 设计尚且年轻，在探索它的文化作用方面还有很长的路要走。对我们许多人来说，这意味着要更好地理解设计思维的规律，而不仅仅是改变风格和做些表面文章。我们希望，能继续提升有关设计讨论的质量，设计师们不再害怕将自己的想法和作品置于比过去更广泛、更有洞察力的讨论中。在一个不断变化的文化中生活，我们都有很多东西要学习，这既是一种乐趣，也是一种责任。
>
> （Buchanan，1998：20）

六、21世纪的设计：一门综合性学科

> 在强调创新和变革的现代社会，其创新和变革被视为是其内在的价值（Suchman，2011）。可以说，设计（领域）已经成为文化生产和变革的主要场所之一，与科学、技术和艺术不相上下。
>
> （Otto&Smith，2013：2）

在本次对设计人类学的设计根源的探索中，最后的部分涵盖了一系列文本，这些文本表明了设计界内外的认知范围和观念正在发生变化。尽管不同文本侧重于设计的不同方面，但它们也指出了设计所经历的发展，这些发展将设计视为一门综合性学科（Buchanan，1992：14），并促进了设计与人类学的融合。

1. 设计教育宣言

2011年，设计师和设计思想的领袖休·杜伯里（Hugh Dubberly）为国际平面设计协会理事会（International Council of Graphic Design Associations– ICOGDA）的《设计教育宣言》（Design Education Manifesto）进行了更新。该宣言于2000年首次发表，它预见到了反映技术、经济结构和文化转变的新挑战和新环境。杜伯里预言道：

> 在这个信息和生物的新世界里，设计将会改变。设计师将会越来越少地在用户使用产品之前进行设计，或是灌输单一视角的设计。更多的情况将会是，由参与者在使用过程中来共同设计，融入多人的视角。今天的用户将成为设计师；今天的设计师将成为元设计师

(metadesigners)，为其他用户进行设计而创造条件。

（2011：2）

在总结时，杜伯里（2011）提出了以下告诫：

工业革命产生的设计实践不再是可持续的（经济上或生态上）。一种应对信息革命的新实践已经出现，可以初见其轮廓，但还有待探索。为此，我们必须负起责任。此外，我们必须发明一种机制（一个有机系统），通过这个机制，设计学科可以学习并发展。同时，在很大程度上设计教育仍然停留在认为设计源于工艺的阶段。简单地说：设计教育已经过时了。更糟糕的是：变革正在加速，设计教育陷入了困境，几乎无法前进。我们还必须承担起重塑设计教育的责任，并将其整合到一个有机的系统中，一个可以使设计学科得以发展的系统。

（2011：3）

《设计教育宣言》的更新标志着思维的重要转变。然而，随着时间的推移，激情逐渐消退后，才是真正的考验。对一套新价值观的热情和承诺是否会转化为实际行动？体制改革[11]是缓慢的。文化转型是一个复杂的过程，依赖于多重因素。某些因素如领导力和结构是内部的，其他因素如经济、政治和市场的力量是外部的，它们都有着不同程度的影响力。文化以多种方式表现出来，既有象征性的，也有物质性的。然而，核心价值观是所有文化表现形式的基础。

修辞可以作为一个标志着改变的前期指标。要转换修辞是相对容易的。文化的一些物质形态也相对容易改变，尽管它们很可能会遭遇混淆甚至抵触，因为它们与人们的期望不符。要在一个机构内实现深层次的文化变革，需要付出更大的努力，因为激活了象征性、物质性文化的核心价值观已深入人心。

然而，制度变革确实发生了。20世纪20年代的设计教育已经不再是上一代人所认识的那样了。几乎所有的设计课程都包括以人为本的不同形式的培训。新技术正在融入到设计过程的所有阶段，并与便利贴、白板和记号笔等贸易物件并存。正如布兰齐提到的现代性，我们在设计未来的同时，也在引导着过去和现在。

2．与其设计，而不是为其设计：参与式设计与协同创作

第一章和第二章旨在理清话语的脉络，并阐明随着时间流逝，那些令设计人类学成为超学科实践领域的基础条件。参与式设计运动是源于20世纪六、七十年代对斯堪的纳维亚工作场的研究，标志着当代设计发展的重大进展。整体来讲，这些研究引入了设计和社会科学方法，通过“挑战技术的使用和管理的特权，去定义可能被视为创新的东西”，为综合设计实践开辟了道路（Ehn，Nilsson & Topgaard，2014：7）。

参与式设计是基于以下这种价值观的一种研究方法，这种价值观鼓励地方性知识的生产，并积极寻求用设计去解决问题，这些解决方案是在保证设计的可用性的同时也满足利益相关者的需求。与其他形式的设计实践一样，参与式设计以发明和创新过程为基础。然而，其独特之处在于，邀请了实际和潜在用户参与问题识别、寻找解决方案和原型测试。在实践中，参与式设计过程涉及广泛的利益相关者，涉及场所、社会和技术适宜性、政治和权力以及文化契合等问题。它反映了一种范式的转变，这种转变影响了世界各地的设计实践、设计话语和设计教育，

并体现在民主化设计、协同创作、协作原型设计、社会设计、用户驱动和消费者驱动等方面的创新。（Ehn & Lowgren，1996；Hippel，2005；Prahalad & Krishman，2008；Hippel，Ogawa，& Jong，2011；Ehn，Nilsson，& Topgaard，2014）。

参与式设计已经成为一种有案可稽的设计形式，从软件和产品开发到医疗保健、社区规划和空间营造，许多领域都有实践。由于认识到客户和用户作为创新来源的潜力，工商业界已采用参与式设计方法。今天，我们可以在虚拟平台中发现参与式设计的影响，这种虚拟平台促进了以用户为中心的开源创新式的众包（crowdsourcing）[①]。

3. 设计领域的民族志

> 历史是我们的集体经历。我们对历史了解得越多，就越能用它来质疑社会中盛行的价值观。不了解历史就等于放弃了一个体系外的空间，而在那里你可以找到替代方案，也可以赋予变革以权力。
>
> （Margolin，2002：241）

参与式设计在欧洲和斯堪的纳维亚影响着设计发展的同时，在美国，由于人们的社会意识的提升，设计也从以设计对象为中心转变为以人为中心，为将民族志方法引入工商业创造了条件。在上一章提到的《设计领域的民族志》一文中，沃森（2000）指出，在设计领域“发现”民族志

---

① 众包（crowdsourcing）这一概念是由美国《连线》杂志记者杰夫·豪（Jeff Howe）在2006年6月提出的。指的是一个公司或机构把过去由员工执行的工作任务，以自由自愿的形式外包给非特定的（而且通常是大型的）大众志愿者的做法（就是通过网络做产品的开发需求调研，以用户的真实使用感受为出发点）。

之前，人类学家一直在研究消费（Douglas & Sherwood，1979）、礼物、经济交换（Mauss，1990；Malinowski，1961）以及流行文化等问题。

至少从20世纪80年代起，应用人类学家就作为顾问参与了私营机构的市场营销和产品开发（Baba 1986；Barnett 1992；Sherry 1995）。但这些人类学家并没有融入设计界。他们对公司客户的建议只是对于研究发现的总结，而将这些发现转化为具体产品的任务却留给了客户去完成。

（Wasson，2000：379）

在美国，将人类学家与设计师一起纳为积极参与者的做法相对迅速。它是由工商业的创新、协作范式和多元学科团队的部署所驱动的，由软件开发领域的人类学家开创的。沃森描述了人类学家如何在计算机支持的合作工作（Computer-Supported Cooperative Work，即CSCW）社区中成为"杰出成员"，他们的贡献强调了"对计算机用户的日常实践进行实证检验的重要性"。其他社会科学家也做了类似的研究，以扩大设计研究的范畴。

20世纪80年代和90年代初，在与人类学建立联系之前，设计领域的一些研究人员已经开始进行研究，其研究表明了将产品置于社会文化背景中的重要性。这些人的工作无疑为随后的民族志研究浪潮创造了一个更易接受的环境。有两位研究人员因此声名远扬，且至今仍然备受尊敬，他们是IDEO设计公司的富尔顿·苏里（Fulton Suri）和Sonic Rim公司的丽兹·桑德斯（Liz Sanders）。

（Wasson，2000：380）

对战后时期的批判以及当时社会出现的转型，为民族志的融合和民族志方法在设计研究中的应用创造了条件，这种社会转型是将“用户”逐渐列为了“设计师的中心比喻”（Wasson，2000：377）。沃森指出，在引入民族志之前，认知心理学和人为因素主要被用来理解用户和研究产品的可用性，而不是研究设计对象和用户之间的关系。

> 举个简单的例子，开门时我们怎么知道是该推门还是拉门呢？有些门在这方面令人困惑，但它们的硬件设计可以给出清晰的答案……在这种“可用性”的方法中，研究主要局限于考虑用户“头脑中”发生的事情。而将产品置于更广泛的制度和文化背景中的方式并没有得到广泛的应用（Robinson，1993）。
>
> （2000：377–378）

设计师们还将市场研究应用于客户调查、客户人口统计和购买模式，这些研究“识别出了大规模的统计模式，但很少关注产品是如何融入消费者的日常生活的”（Wasson，2000：378）。

尽管设计师继续使用“民族志”一词，但人们往往不知道到底民族志方法起源于何处，也不了解它为什么以及如何被设计领域采用。设计界中民族志的再语境化引发了诸多问题，例如设计师如何使用民族志方法的伦理问题（Miller，2014），民族志在设计背景下的含义问题，以及设计师使用的民族志形式是否符合民族志的人类学标准等问题。沃森认为：

> 与“民族志”在人类学领域的含义相比，它在设计领域的含义更为

狭隘且不尽相同。与其他类型的应用人类学一样，尽管缺乏理论支撑，但实践研究通常比学术项目推进得更快。然而，在另一方面，数据收集方法和民族志材料的分析方法是根据工业设计师的特殊需要而生成的。它们也受到了CSCW民族志传统的影响。

（2000：382）

毫无疑问，设计师正在实践一种不同于人类学家所认知的民族志研究形式。这些差异涉及从人类学到设计学的民族志转译、改编和再语境化的过程。例如，沃森指出，设计中的民族志更多地与数据收集联系在一起，而不是数据分析（2000，383）。这是可以理解的，因为设计学中民族志研究的目标与人类学研究的目标大相径庭，人类学研究的目标可能是一本民族志专著。沃森认为：

数据分析的目的是建立一个模型，既能解释收集到的民族志资料，又能为客户提出一个解决方案。该模型提供了一个对于用户-产品的交互世界的连贯叙述：一个产品是如何融入消费者的日常生活的，它对消费者具有什么样的象征意义。而这些认知，反过来又为针对用户的产品开发和营销工作提供了启示。

（2000：384）

20世纪90年代以来，随着民族志方法在设计实践中的传播和适应，以及设计在商业中所呈现出的变化趋势，设计受到了商务出版界的广泛关注。如前一节所述，大量媒体的热情报道引发了人们的担忧，他们不确定设计人员和设计师是否有能力解决他们所面对的挑战。沃森在新千年伊始撰文提醒到：尽管民族志在设计中很受欢迎，但由于客户资料的保密性和产品开发的周期等因素，“我们不可能确切地知道民族志在设计领域做出了什么贡献”（2000：384）。

如今，设计中的民族志已经经受了时间的考验，并已融入到设计研究和“语境研究”范畴下的设计教育中（Holtzblatt & Beyer，2014）。从人类学的角度看，设计中的民族志“并没有展示出其真正的实力”（Wasson，2000，2002），这一观点已被广泛接受。这不足为奇，因为从历史上看，这两个领域的目的、目标和研究对象极为不同。现在的任务是找到一条从多元学科到超学科的道路，而设计人类学家们正在建造这条道路。

本章主要是提出了这样的问题：设计师若想更深入地理解人类和社会领域，需要一种方法——这就是民族志，一个能解决他们所面临的问题的方法。每个领域的外部条件和内部环境都为设计师和人类学家创造了合作的机会。设计学与人类学结合的产物是下面章节的重点。

注释

[1] https://en.wikipedia.org/wiki/Utility.

[2] 1947年，密歇根州泽兰市的赫尔曼米勒公司开始生产伊姆斯椅，至今仍在生产。

[3] 赖特在联合教堂（橡树公园，IL 1905–1909）的设计中使用钢筋混凝土，据说这是第一座“现代建筑”。

[4] 最著名的大概是位于宾夕法尼亚州米尔溪的流水别墅（1937）。

[5] https://en.wikipedia.org/wiki/Frank_Lloyd_Wright.

[6] www.hfg-archiv.ulm.de/english/.

[7] 包豪斯（1919–1933）被称为“世界上第一所设计学院”。它是对

工业革命和非人性化的反思，试图避免艺术和工艺因为大规模生产而被丢弃。http://bauhaus-online.de/en.

[8] 亨利·科尔被认为是1851年英国水晶宫展览的主要推动者。马格林指出，科尔是“艺术家与工业”密切合作的倡导者（Margolin，2002：107）。

[9] 这些例外包括威廉·莫里斯（William Morris）（1834–1896）、十九世纪末的工艺美术运动，以及弗兰克·劳埃德·赖特的（1867–1959）有机建筑理论的影响。

[10]“我们是原语”后来被纳入设计话语：历史、理论、批评（Margolin，1989）。

[11] 在这种语境下，制度变革意味着纪律和组织的变革。

参考文献

Aronowitz, Stanley. 1988. *Science as Power: Discourse and Ideology in Modern Society*. Minneapolis: University of Minnesota Press.

Baba, Marietta. 1986. *Business and Industrial Anthropology: An Overview*. NAPA Bulletin No. 2. Washington, DC: National Association for the Practice of Anthropology.

Barnett, Steven. 1992. *The Nissan Report*. New York: Doubleday.

Barry, Andrew. 2001. *Political Machines: Governing a Technological Society*. London: Athlone.

Branzi, Andrea. 1986. We Are the Primitives. *Design Issues*, 3(1), 23–27.

———. 1988. *Leaning from Milan: Design and the Second Modernity*. Cambridge, MA: MIT Press.

Buchanan, Richard. 1992. Wicked Problems in Design Thinking. *Design Issues*, 8(2), 5–21.

———. 1998. Branzi's Dilemma: Design in Contemporary Culture. *Design Issues*, 14(1), 3–20.

Clarke, Alison J. 2015. *The New Ethnographers: Design Activism 1968–1974*. Paper Presented at the Design Anthropological Futures Conference, Copenhagen, Denmark.

Douglas, Mary and Baron Sherwood. 1979. *The World of Goods: Towards an Anthropology of Consumption*. New York: Routledge.

Dubberly, Hugh. 2011. Input for Updating the ICOGRADA Design Education Manifesto. *ICOGRADA Design Education Manifesto*, 76–81.

Ehn, Pelle and Jonas Lowgren. 1996. The Qualiteque: Systems at an Exhibition. Interactions, 3(3), 53–55.

Ehn, Pelle, Elisabet M. Nilsson, and Richard Topgaard. 2014. Introduction. In P. Ehn, E.M. Nilsson, and R. Topgaard (Eds.), *Making Futures: Marginal Notes on Innovation, Design, and Democracy*, 1–13. Cambridge, MA: MIT Press.

Feyerabend, Paul. 1988. *Farewell to Reason*. New York: Verso.

Forsythe, Diane. 1999. "It's Just a Matter of Common Sense": Ethnography as Invisible Work. *Computer Supported Cooperative Work*, 8, 127–145.

Gatt, Caroline and Tim Ingold. 2013. From Description to Correspondence. In W. Gunn, T. Otto, and R. Smith (Eds.), *Design Anthropology: Theory and Practice*, 139–158. New York: Bloomsbury.

Gigerenzer, Gerd and Reinhard Selten (Eds.). 2002. *Bounded Rationality: The Adaptive Toolbox*. Cambridge, MA: MIT Press.

Haraway, Donna. 1994. A Manifesto for Cyborgs: Science, Technology, and

Socialist Feminism in the 1980s. In S. Seidman (Ed.), *The Postmodern Turn: New Perspectives on Social Theory*, 82–115. Cambridge, UK: Cambridge University Press.

Harrison, Faye V. 2010. Anthropology as an Agent of Transformation. In F. Harrison (Ed.), *Decolonizing Anthropology: Moving Further Toward an Anthropology of Liberation*, 1–14. Arlington, VA: American Anthropological Association.

Hippel, Eric von. 2005. *Democratizing Innovation*. Cambridge, MA: MIT Press.

Hippel, Eric von, Susumu Ogawa, and Jeroen P.J. De Jong. 2011. The Age of the Consumer- Innovator. *MIT Sloan Management Review*, 53(1), 27–35.

Holtzblatt, Katherine and Hugh Beyer. 2014. Contextual Design. In M. Soegaard and R.F. Dam (Eds.), *The Encyclopedia of Human-Computer Interaction* (2nd Ed.). Aarhus, Denmark: The Interaction Design Foundation.

Kjaersgaard, Mette G. 2013. (Trans)forming Knowledge and Design Concepts in the Design Workshop. In W. Gunn, T. Otto, and R.C. Smith (Eds.), *Design Anthropology: Theory and Practice*, 51–67. New York: Bloomsbury.

Lyotard, Jean-François. 1984. *The Postmodern Condition: A Report on Knowledge*. Trans. G. Bennington and B. Massumi. Minneapolis: University of Minnesota Press.

Malinowski, Bronislaw. 1961. *Argonauts of the Western Pacific: An Account of Native En-terprise and Adventure in the Archipelagoes of Melanesian New Guinea*. New York:E.P. Dutton. (Original edition was published in 1922.)

Marcuse, Herbert. 1964. *One Dimensional Man*. Boston: Beacon Press.

Margolin, Victor, Ed. 1989. *Design Discourse: History, Theory, Criticism*. Chicago: Univer- sity of Chicago Press.

———2002. *The Politics of the Artificial: Essays on Design and Design Studies*.

Chicago: University of Chicago Press.

Martin, Roger. 2009. *The Design of Business: Why Design Thinking Is the Next Competitive Advantage*. Brighton, MA: Harvard Business Press.

Mauss, Marcel. 1990. The Gift: The Form and Reason for Exchange in Archaic Societies. New York: W.W. Norton.

Miller, Christine. 2014. Lost in Translation? Ethics and Ethnography in Design Re- search. *Journal of Business Anthropology*, 4(1), 62–78.

Nussbaum, Bruce. 2010. Is Humanitarian Design the New Imperialism? *Fast Company*, Design. Retrieved from www.fastcodesign.com/1661859/is-humanitarian-design- the-new-imperialism.

One Laptop Per Child (OLPC). 2015. Introducing the XO Tablet. Retrieved from http:// one.laptop.org/.

Papanek, Victor. 1973. Design for the Real World: Human Ecology and Social Change. New York: Bantam Books.

Peirce, Charles. 1877. The Fixation of Belief. *Popular Science Monthly*, 12, 1–15. Retrieved from www.pierce.org/writings/p107.html

Prahalad, C.K. and M.S. Krishnan. 2008. *The New Age of Innovation: Driving Co-Created Value through Global Networks*. New York: McGraw Hill.

Rittel, Horst and Melvin M. Webber. 1973. Dilemmas in General Theory of Planning. *Policy Sciences*, 4, 155–169.

———. 1984. Planning Problems are Wicked Problems. In N. Cross (Ed.), *Developments in Design Methodology*, 135–144. New York: John Wiley.

Robinson, Rick E. 1993. What to Do wit h a Human Factor: A Manifest of Sorts. *American Center for Design Journal*, 7, 63–73.

Rogers, Ernesto. 1954. Continuitá/Continuity. *Casabella*, 199, 2–3.

Sherry, John F., Jr. 1995. *Contemporary Marketing and Consumer Behavior: An Anthropological Sourcebook*. Thousand Oaks, CA: Sage.

Simon, Herbert. 1956. Rational Choice and the Structure of the Environment. *Psychological Review*, 63(2), 129–138.

———. 1969. *The Sciences of the Artificial*. Cambridge: MIT Press.

———. 1973. The Structure of Ill-structured Problems. *Artificial Intelligence*, 4, 181–201.

———. 1996. *The Sciences of the Artificial*. (3rd Ed.) Cambridge: MIT Press.

Smithsonian. 2007. *Design for the Other 90%*. Retrieved from http://archive. cooperhewitt. org/other90/other90.cooperhewitt.org/index.html

Star, Susan Leigh. 1989. *Regions of the Mind: Brain Research and the Quest for Scientific Certainty*. Stanford, CA: Stanford University Press.

Suchman, Lucy. 2011. Anthropological Relocations and the Limits of Design. *Annual Review of Anthropology*, 40, 1–18.

Tunstall, Elizabeth. 2013. Decolonizing Design Innovation: Design Anthropology, Critical Anthropology, and Indigenous Knowledge. In W. Gunn, T. Otto, and R.C. Smiths. *Design Anthropology: Theory and Practice*, 232–250. New York: Bloomsbury.

Wasson, Christina. 2000. Ethnography in the Field of Design. *Human Organization*, 59(4), 377–388.

———. 2002. Collaborative Work: Integrating the Roles of Ethnographers and Design- ers. In S. Squires and B. Byrne (Eds.), *Creating Breakthrough Ideas: The Collaboration of Anthropologists and Designers in the Product Development Industry*. Westport, CT: Bergin Garvey.

第三章　实施设计人类学

当我们看到它时如何认识它

一、概述

是什么使设计人类学成为了一种独特的实践形式？为了推进设计人类学的研究议程（Gunn，Otto & Smith，2013：xiii），我提出了八项原则，可以作为变量应用于该研究领域。本章中，以情境片段的形式介绍了两个事件，这两个事件融合了设计学和人类学元素（在某些情况下，打着“民族志”的幌子）[1]。这八项原则基于卡普费雷（Kapferer）（2010）等人所研究的人类学民族志重点描述的事件和情况，它们作为一套标准被广泛应用，以评估它们在每个事件中是否存在，以及程度深浅。这项工作为设计人类学的实施运作提供了一种方法，使我们在看到设计人类学时能认识它。设计人类学仍在继续发展，而这八项原则的运用，将是在该研究领域内设置参数、定义概念的关键的一步。

二、学科演变：适应变化

在人类学的大部分历史中，人类学家一直是文化和社会生产及变化的观察者、分析者和解释者。在20世纪后半叶，这种情况开始发生变化：人类学家的角色已经从社会结构和文化的观察者、分析者和解释者，转变为社会和文化转型过程中的参与者和代理者。第一章描述了在经过了几十年的实验探索，以及经历了各种关于人类学在当代社会中的作用的激烈辩论之后，人类学领域的演变历程。美国人类学协会主席艾莉丝·沃特斯顿（Alisse Waterston）（2016年新闻稿）在最近与会员的交流中重申了这一点，“支持人类学知识的发展，促进其传播及应用以解决人类问题。”第二章描述了设计领域如何经历了一场颠覆性的演变过程。20世纪时，设计与美术相关联，设计师扮演着“形式的赋予者”和设计对象及造型的“制造者”的角色（Owen，2006），但如今设计已经拓展成了创新过程和创造未来过程的主要参与者。设计师们正在介入日益复杂的情境，涉及社会、文化、环境、经济、政治和技术因素等多维语境。设计实践的演变探讨了（Dubberly，2011）如何使年轻设计师更好地应对广泛的情境，这不仅涉及特定产品或服务的“用户”（即以人为本的设计），还包括从系统层面上思考设计的对象——广义上定义为产品和解决方案——对人、地球和利润所产生的影响。

1. 颠覆性变革需要多元学科合作

技术仍然是推动人类学和设计学发展的主要力量。促进跨越时空协作的新工具和网络平台已经从根本上改变了组织和运作的方式，重塑了工作的场域和环境。传感器的大量使用、遍布各种仪器的环境，以及“大数据”的引入，推动了数据收集、分析和合成的新方法的产生，引发了对传统的实地研究的必要性的质疑。同时，全球化从广义来说已经成为了一种力量，它将全球的资源集合起来，而这些资源在不同的地域发挥着不同的作用（Ong & Collier，2009）。

技术的革新和全球化的趋势使我们意识到当下问题的复杂性，同时也意识到了从单一学科的角度认识问题的局限性。相反，多学科或多元学科[2]方法能发现不同类别的问题，其中一些问题需要用基于多学科的综合视角来解决。设计人类学本身就是这场运动的产物。

由乔伊（Choi）和帕克（Pak）（2006：351）提出的“多元学科”（pluridisciplinary）的称谓，促进了人们对于以下概念的认识：多学科（multidisciplinary）、交叉学科（interdisciplinary）和超学科（transdisciplinary），他们发现这三个术语往往被混淆或误解，尽管它们明显表示不同的属性。这两位学者在研究了这三个术语在学术文献中的使用，并结合他们自己的研究发现后，给出了以下定义：

> 多学科（multidisciplinary）是指吸收不同学科的知识，但仍保持在各自学科的范围内。交叉学科（interdisciplinary）即分析、综合、协调各学科之间的联系，使其形成一个协调一致的整体。而跨学科（transdisciplinary）则是将自然科学、社会科学和健康科学结合在一起，跨越了它们的传统界限。
>
> （Choi&Pak，2006）

斯特拉森（Strathern，2007）回应了乔伊和帕克的观点，她也认识到了这三个词之间的重要区别。提到诺沃特尼（Nowotny）对“超学科的前景”（Gibbons等，1994；Nowotny、Scott和Gibbons，2001）讨论的贡献时，她写道：

严格来讲，交叉学科指的是一个学科间共享的框架，每个学科都对其做出了贡献（多学科即不同学科技能的简单结合，已经过时了）。超学科含义更为深刻：它将多种学科结合在一起，在它们的相互作用下，产生了新的方法，是综合程度更高的新方法，类似一种超级复合型方法。

（2007：124）

各个学科的工作组之间存在很大的差异，他们的合作前提是要进行价值观和态度的转变，这种转变需要对问题区域进行重新划分，接受不同的认识论，并乐于思考多种解决方案。每次的转变都需要团队成员调整自己的投入程度。多学科需要投入的时间和精力最少：每个成员都有自己的知识库；协商主要是在实际操作领域，很少有成员会愿意花费时间精力去改变自己的观点。交叉学科需要更多的时间和精力，因为只有广泛协商才能达成共识——它使得分析和综合能够跨越学科界限进行。而超学科协商的要求非常高：所有成员都必须愿意将各自学科置于从属地位，以实现涵盖整个系统的维度和动态的共同愿景。图3.1说明了这些差异。

多学科的一叠加的
吸收不同学科的知识，但仍保持在各自学科的范围内。

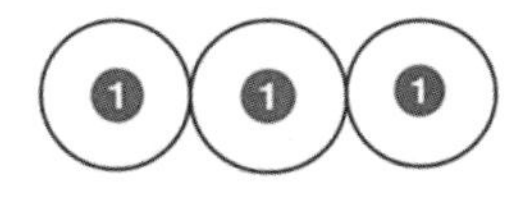

交叉学科的一综合的
分析、综合、协调、联系，使各学科成为一个协调一致的整体。

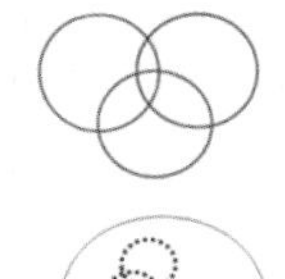

超学科的一整体的／超越的
将各学科置于从属地位，关注整个系统的维度和动态。

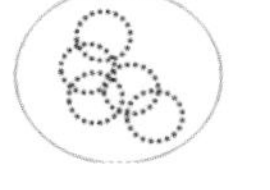

图3.1　多元学科团队的类别：叠加的，综合的，整体的（乔伊&帕克，2006；图案由作者绘制）

设计人类学在美国、欧洲和世界其他地区都呈现出了其历史发展轨迹。在美国，设计学和人类学的融合及其在商业中的应用是由关键参与者促成的，例如，像里克·鲁宾逊（Rick Robinson）、比尔·莫德里奇（Bill Moddridge）和大卫·凯利（David Kelley）这样的研究者，IDEO、E-Lab、Doblin这样的设计公司，以及类似施乐帕克（Xerox Palo Alto Research Center）这样的研究中心，以及包括斯坦福大学D-school设计学院、伊利诺伊理工大学（IIT）、帕森斯（Parsons）和萨凡纳艺术与设计学院（Savannah College of Art and Design）（SCAD）的设计学院（Institute of Design）（ID）在内的学术机构。设计师和人类学家（大多都是受过传统训练的博士）之间的新兴关系在这两个学科早期的碰撞中得到了滋养，也面临着挑战。尽管这一时期为设计人类学在美国的出现奠定了基础，但它仅仅将设计人类学定义为设计师和人类学家共同工作的直接体验，严重限制了人们对设计人类学及其发展潜力的认识。

2. 设计人类学："可能的民族志"

设计人类学家以实现超学科为目标，不断对田野调查进行改进。他们不断尝试新视角，提出新方法、新框架，并从数据中提取理论，在现有的展演性理论的基础上，哈尔斯和克拉克（2008）提出了一种替代方法，"倡导一种展演性的民族志，将分析中必不可少的创造性成分从人类学家单独的工作空间转移到协作性的项目空间"。他们认为：

……（这）使得"他地的人们（people out there）"所隐含的真实性出现了问题，并且更倾向于一种展演性的世界观。在这种世界观的形成过程中，人、物和商业机会不断地互相作用，而人类学分析方法只是理解其形成演变的诸多能力中的一种。

（2008：131）

这一立场进一步对设计人类学与传统的民族志和设计研究进行了区分。在设计人类学实践中，民族志侧重于将事件作为展现潜力和可能性的一个场域，而不是对“此时此地”的描述和解释（Halse，2013：180）。记录与事件相关的语境、情景和影响力对于捕捉转型过程至关重要，但其本身只是叙述性的。这是传统意义上的民族志，研究者置身事外，或者扮演观察者的角色：类似一种新手学徒。而拓展的民族志实践则要求研究者在变革和转型过程中将自身的角色拓展为参与者、促进者和介入者（Halse & Boffi，2016）。参与式设计模式，不仅要创造新方式以引出并阐述“可能性”，还要探索新方法以促进和引导动态变革。

3. 事件与情境实践

探索一个新的超学科领域的潜力时，实践者和理论家面临的挑战是向更广泛的受众传达该领域独特的逻辑和价值。在设计人类学中，这通常是通过基于项目的案例研究来完成的，这些案例研究捕捉了一个或一系列构成项目的事件。设计人类学家关注事件，是因为事件作为一种新兴可能性的来源具有重要意义。哈尔斯（2013）等人（Kjaersgaard，2013）指出，这种着眼于未来的研究取向是思考探索性设计实践（如实验、原型开发和反思性评价）潜力的核心，这些实践扩展了民族志的视野。“通过或多或少临时的设计活动，使那些特定的、多多少少展示出历史痕迹的实践，转变为建议性的、面向未来的和具有促进性的实践”，这一转变使设计学和人类学的结合有可能向超学科的方向迈进。这种方法“利用设计学的工具和方法，在阐明物质形式的可能性的同时，保持了对其所涉人群的社会寓意和政治寓意的民族志敏感性”（Halse，2013：183）。设计学与人类学的工具、方法和理论的结合，即哈尔斯之前提到的“有趣的民族志观察和有趣的设计建议的结合”（2008：3），是设计人类学的核心，也是本章分析这些情境片段的基准。

本章中的情境片段强调了情境事件与不断发展的整体格局的联系：设计学、人类学、工程学和商业之间的，以及营利、非营利和公共部门企业之间的动态关联。整体来看，这些情境片段体现了描述设计人类学和设计学中的人类学时侧重点的转换（Suchman，2011；Drazin，2012）。它们都有鲜明的未来取向，并期待通过设计带来改变，以打破现存的模式。这些情境片段所采用的方法，卡普费雷（2010：1）称其为，“目的在于探索一个作为奇点（singularity）的事件”。

> 其中，当构成社会现实时，我们认为临界维度（critical dimensions）是具有开放潜力的，同时，后结构主义者尤其是德勒兹（See Deleuzè 2004；Delenzè and Guattari 1987），他推崇的是将不断发展的社会比作一个新兴的、多元的综合体，它持续呈开放状态而不是被限制在某种有组织的、互相关联的整体中，无论是真实的（存在的）、想象的、模型化的，还是预期的。
>
> （Kapferer，2010：2）

哈尔斯和克拉克预见到这种现实感将成为“不断发展的”：

> ……我们相信，随着我们的参与，世界正处于不断发展的过程中，用户并不会“呆在那里”等着我们去发现。用户位于一个三岔路口的交汇处——即我们对“真实人群”的探索，研究中特定参与者的实践，以及项目利益相关者对项目（作为可能的新兴应用领域）的预期兴趣三者交汇的三岔路口。
>
> （2008：129）

介绍这些情境片段之前，让我们再回顾一下“事件”作为人类学的研究重点是如何演变的，以及它是如何进入设计实践的。

4．人类学实践中事件和情境的重要性

卡普费雷（2010）描述了人类学和其他社会科学中两种常见的且经常重叠的方法。一种方法是把特定事件作为民族志的案例，或是客观描述的，或是坚持某一理论观点的。另一种方法是把事件“作为生活中发生的情境和片段，它们制造了一个问题，而民族志的陈述和分析可以解决或解释这个问题”（2010：1）。

卡普费雷认为案例在人类学的运用不应止于对事件的阐释。[3]他对《社会分析》（*Social Analysis*）专刊的“介绍”侧重于用人类学方法去探索受曼彻斯特学派、特纳和德勒兹社会哲学启发的事件和情境。卡普费雷注意到了格鲁克曼（Gluckman）、米切尔（Mitchell）等与曼切斯特学派[4]有关的人在该领域的早期工作，他们探索了注重改变的事件的人类学意义，并认为这是“所有社会的正常情况”（2010：7）。他们提

倡将对事件的关注作为一种超越社会的抽象概念的手段，这种社会的抽象概念提出了作为发展理论基础的固定模式，以解释“日常生活中数不胜数的、千差万别的复杂性，从某种意义上说，这始终是推测性的。”格鲁克曼的平衡概念将焦点从静态转向动态的发展过程，它允许“将整体当作情境分析的结果而不断被重新定义”（2010：7）。

从静态向动态发展过程的转变与拓展民族志视野的目标相似，该目标是设计人类学实践的核心，也是抓住人类学家在变革过程中的角色的关键——既是观察者，也是积极参与者。麦凯比（McCabe）和布莱奥迪（Briody）（2016）将这种“阈值界限运动”称作商业人类学的核心，并认为卢曼（Luhmann）（2012）提出的“二阶观察”“需要以情境的方式进行积极介入”。

5. 框架结构

本节中的情境片段是展现了持续发展的潜在可能性的“事件”，每个事件都如同一部不断发展的社会剧。这种方法借鉴了现有的理论框架。哈尔斯在通过拓展民族志的视野构想人类的未来世界时，借鉴了卡普费雷（2010：10）的观点——把事件作为创造力和变革的核心这一做法应该归功于维克多·特纳（Victor Turner）。事件桥接了仪式和展演两个理论。在引用谢克纳（Schechner）关于“真实”的观点时，哈尔斯写道，

理查·谢克纳（Richard Schechner）（1988）借鉴了维克多·特纳（1969）关于仪式和社会剧的研究，在当下发生了有争议的事情，并给参与者带来了实实在在的后果时，他就用“真实”来定义那些非模拟

的、特别具有变革性的时刻。

（2003：183）

谢克纳并不认为改变、创造力、转型是一种单一的构想。他也不认为“真实”是完全不存在的，而是认为，通过对事物和过程的具体阐述（设计师的核心能力之一），“真实”会在某个事件中得以实现。本章中的每个情境片段都会出现变革性的时刻，虽然有时只是一句简单的“啊哈!”，但更多的是一系列认知的慢慢累积，最终生发出一个新的具体的“真实”。人类学家一边观察着断断续续出现的转型的过程，一边积极地介入，这种“阈值界限运动”正是当代人类学家对设计人类学实践的贡献之一。

三、一套新原则

设计人类学有很多种实践方式。当我们看到它时如何认识它呢？尽管无法准确“测量”，但一套新原则可以应用于设计人类学的操作中，并通过创建一个体现新原则的框架来评估项目、分离事件。这些原则致力于探索一种旨在实现超学科的协作过程；一种力图涵盖更大范围的利益相关者的参与式设计；一个迭代的设计过程；一些正在进行的方法论实验和严格缜密的评判；一种整体的方法，它考虑了社会、政治、经济等其他因素对人类、地球的影响以及设计出的人工物的预期和非预期的后果。实现超学科协作的明确目标要求团队成员阐明、展示他们的个人贡献，并且放下个人的学科偏见，跨越学科界限思考问题，关注整体系统的动态，探寻其他学科可以做出什么贡献以及如何做出贡献。表3.1提供了一套原则，可作为设计人类学实践操作的一般标准。

表3.1 设计人类学：一套新原则

新原则	实施运作
变革性；未来取向	事件参与的明确目标是改变或转型一个现象或系统的现状。设计人类学家思考的不是“创造未来（“future-making”）”，而是“创造中的未来（“future-in-the-making”）”
整体性	该方法研究的是包含在整个系统中的现象，而不是孤立的事件
协作性	与他人合作的目的是实现共同愿景和（或）为共同问题制定解决方案
超学科性	致力于知识的统一，从而实现学科互补，以及促进新数据的出现和学科之间的新互动。超学科的目标不在于掌握某几种学科，而是要在学科间建立共同点，即寻找它们的共通之处，并对学科外的知识保持开放性（Nicolescu，1994）
展演性	这是一种认为人、事、机会在形成过程中会不断相互作用的世界观（Halse & Clarke，2008）。展演既是一种隐喻，又是一种分析工具，它是一种“产生意义的实践”，强调社会参与者们之间的、或某个社会参与者与周围环境之间的互动
新兴可能性	该方法考虑到了各种不断显现的可能性，以及社会、政治、金融、经济等方面的变化对大范围的利益相关者和地球的影响
迭代性	该方法实现了一个迭代的设计过程，包括准备和规划、探索、机会识别、构思、原型开发、测试和验证阶段
批判性	核心团队在项目进行的每个阶段都会进行严格评判，以识别和评估预期和非预期的后果

这里确定的标准是一套设计原则。与其说这是试图将设计人类学编纂成法典，不如说是提出了一种实施设计人类学的方法，使我们看到它时能够认识它，并能区分设计人类学和那些宣扬（或强加）创造未来的观点。设计人类学方法寻求的不是激进创新的“圣杯（holy grail）”，而是从基础开始，先了解现状——历史，社会关系，物质性的和象征性的文化元素——试图理解人们如何引领并改变日常生活。只有挖掘出最基

本的“真理”所呈现出的表象，我们才能通过一个能区分各种模式和主题的过程来全面解读其意义，即什么是假设的，什么是可能的。

这种自下而上的方法基于这样一个前提：创新本质上是一个无处不在的、动态的、即兴的、情境化的社会过程。创新也是多层面的，这意味着它包含了技术、经济、社会、文化、政治和环境因素。采用这种方法时，冈恩（Gunn）、奥托（Otto）和史密斯（Smith）提到：

> 设计人类学的实践者关注动态情况和社会关系，并与人们如何通过日常活动感知、创造和改变环境息息相关。这一观点挑战了目前的这种普遍认知，即设计和创新仅仅把新事物的诞生当作社会和文化变革的核心。
>
> （2013：xiii）

这一视角拓展了民族志的视野，使其关注到哈尔斯提出的“可能的民族志”（2013），并指出人类学实践不仅可以通过参与设计实践找到灵感，还可以在其探究中发现灵感，即那些非具体存在的对象，那些想象中的对象（2013：181）。设计人类学面临的挑战是重新构想并扩展理论和民族志实践，将民族志研究纳入可能的未来之中。

四、面向创造未来：文化生产与变革中的情境片段

本节中的情境片段有所不同。第一类是会议，第二类是设计学院主办的研讨会，是关于“设计人类学未来会议”的情境片段，有大量人类学家或设计人类学家出席。另外两个小情境片段则由设计师领衔。这些事件都发生在同一年。用表3.1中确定的原则作为变量，我将评估它们在单个事件中所显现出来的程度。蛛网图用于将结果进行可视化的呈现。

在此，我们并不是将对每个事件进行定论式的分析，这些情境片段只是“诊断性的”（Sherry，1995：7），这样它们就能呈现出能引发对话的一套原则，从而进一步将设计人类学定义为超学科实践的一种独特形式。

尽管目的不同，但这些情境片段在呈现它们的架构时具有共同的元素：每个情境片段都有明确的目的、自身的特点和最终的结果。每一个事件都清晰地指向变革，要么进一步将设计人类学定义为一个新兴的超学科领域（设计人类学未来会议），要么通过合作解决问题（BarnRaise设计活动），创造“协同性的解决方案和可能性”，以推广医疗保健。这两个事件都预先设置好了起点和终点，因此可以被当作离散事件。

1．情境片段1：设计人类学未来会议

设计人类学未来会议是2014年4月至2015年8月期间举行的一系列四项活动中的最后一项，由设计人类学研究网络指导委员会的成员组织，该研究网络是一个由30多人组成的国际团体，其中大多数人与学术机构都有关联。会议于2015年8月13日至15日在哥本哈根丹麦皇家艺术学院设计学院举行。会议组织者设计人类学研究网络在KADK网站[5]上推广这一活动，并将其通过邮件发布出去。注册需要181美元的费用。该会议对国际观众开放，并将来自不同学科的参与者控制在100个左右，其中大多数人提交的论文都在四个主题讨论的范围之内。其间，由于参会的注册申请人数太多，于是组织者不得不关闭了注册通道，以保证活动的最佳效果。

在谈到大会名称时，组织者解释说：“未来的概念既指通过人类学和设计学的变革过程创造可能的愿景和实践，也包含对设计人类学领域新的前沿探索。”这次会议之所以被选为情境片段之一，是因为这次会议提供了一个机会，使人们可以参与并亲眼观察一个明确侧重于设计人

类学的活动，该活动的组织者要么对设计人类学感兴趣，要么自认为是设计人类学家。我作为一名参与者所提交的论文（Miller，2015），将设计人类学视为一个不断发展的实践社区（Wenger，1998），并被收录于会议主题1：可能的民族志。

设计人类学的未来："可能的民族志"

哈尔斯认为，设计人类学中的民族志是与众不同的，因为通过将时间框架从此时此地转移到彼时彼地，民族志可以被拓展到"对可能的未来的民族志调查"（2013：182）。通过重新定义人类学家——民族志学家的角色，设计人类学中的民族志被进一步区分。哈尔斯和克拉克（2008）引用了纳夫斯（Nafus）和安德森（Anderson）（2006）的观点，他们认为，在工业领域，人类学家的能力主要是根据他们能否真正接触到实际使用或可能使用产品的"真实人群"来衡量的，这种情况下，人类学家则"沦为了数据收集者"（2008：128）。不同于设计人类学实践，在这些案例中，民族志的田野调查通常交给设计师、工程师、商业策划师和营销人员，他们用人类学家的见解为产品开发提供信息，却鲜有人类学家参与该过程。

分析与结果

如图3.2所示，设计人类学未来会议体现了表3.1中确定的八项原则。会议网站[6]的闭幕词明确阐述了变革性／未来取向、超学科性、展演性、新兴可能性，并注重"通过人类学和设计学的变革过程创造可能的愿景和实践，以及对设计人类学领域新的前沿进行探索。"该闭幕词也提及了整体性、协作性和批判性：

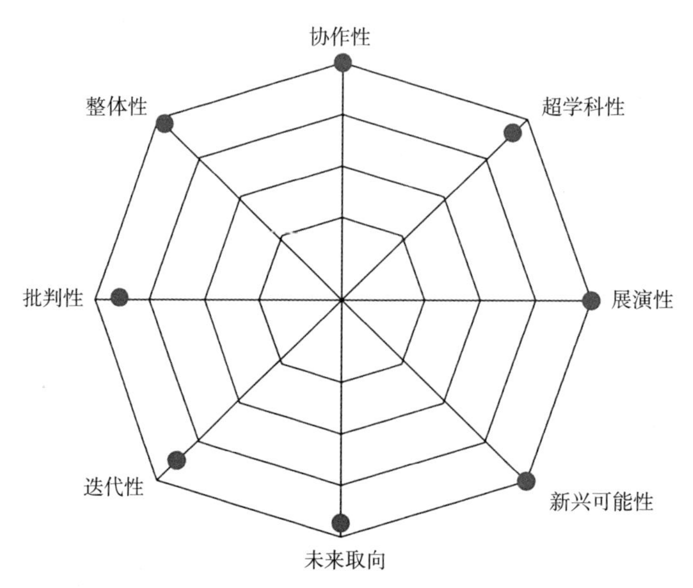

图3.2 设计人类学的未来：绘制设计人类学的新原则（蛛网图由J.奈普绘制）

会议探讨了将设计人类学作为解决复杂的日常生活和社会问题的整体性、批判性方法的不同观点，意在与不同的社区、利益相关者共同创造可能的未来。

（设计人类学未来会议网站）

尽管尚不明晰，但会议和会议程序的规划暗含了重新思考、修改的意愿。会议和分组讨论会重申了参与的原则，并记录下对话，将它们与会议总目标联系起来。由设计人类学研究网络主持编写的会议文集将成为这次会议的主要成果。对参会者来说，这次会议有助于他们获得相关资料（比如会议论文和视频），以及与其他自认为是设计人类学家的研究人员建立关系网络。

2. 情境片段2：BarnRaise活动

2015年的BarnRaise是一项为期两天的设计活动，由伊利诺伊理工大学（IIT）设计学院（ID）赞助。该活动被描述为“一个结构独特的创客大会，将设计公司、社区组织和参与者们联系起来，以解决芝加哥社区中的社会问题。”[7]我作为参与者兼观察者（由会议主办方预先安排好），体验到了BarnRaise是一项以设计师主导的活动，而不是以人类学家或设计人类学家为主导的活动。

2014年秋季举办了第一次BarnRaise活动，由设计学院的研究生组织并协助举办。2015年活动的主题是“ 为推广医疗保健而设计”，旨在吸引不同的参与者：“医疗保健从业人员、设计师、医疗保健管理人员、研究生及其他人员”。“其他人员”包括个人和公司，其中许多人的首要兴趣在于“共同创造一个以人为本的机会”的活动，其次在于上文所述的“推广医疗保健”的主题。虽然主题明确针对芝加哥的项目，但此次活动还吸引了芝加哥以外的众多个人参与者、社区以及设计公司“合伙人”和“战略合作伙伴”。

BarnRaise被称作“创客会议”，类似于一种“专家研讨会议”[8]：一项为期多天的集中设计协作，在此期间，团队专注于围绕特定主题或问题研究设计方案。该项目得到了设计团队的支持和来自私人机构以及公共部门的赞助，面向对项目感兴趣的利益相关者和在项目的特定研究（如医疗保健）方面有专长的人开放。作为一项学习和网络活动，BarnRaise也向外界开放，以吸引那些想通过亲身体验了解设计过程的人：“在设计公司的协助下，参与者们将在多学科团队中开展工作，从以用户为中心的角度去理解社区产生的问题，并提出切实可行的解决方案”（图3.3）。

图3.3 集体解决问题（BarnRaise活动，2015）

BarnRaise活动对“创造”和“创造者”的关注，顺应了时下倡导主动参与的趋势，摒弃了演讲者向观众发表（或朗读）论文的传统会议形式。在基于行动的未来设计社区，主动参与的趋势尤其明显。创造力是通过研究、分析、综合、即兴创作和发明的迭代过程来表达的，最终呈现为某种形式的设计作品。

“创客大会”的节奏和活动与传统学术会议形成鲜明对比。在传统学术会议上，讲台上的学者向在座的同仁发表有关其科研成果的演讲。作为设计师、作家兼教育家的民查尔斯·欧文（Charles Owen）（2006），通过比较设计和科学不同的思维方式，用“创造者”的概念描述了它们之间的差异。欧文认为科学思维者是“发现者”（finders），“他们用发现来训练自身的创造力，他们通过探索去理解和发现那些未知的现象”。相比之下，设计师是“创造者”（makers），他们“同样有创造力，却以不同的方式展现。他们用发明来展示自己的创造力。他们把关于新的构造、布局、模式、构图和概念等方面的认知进行整合，这样会带来可感知的、新鲜的认知”（2006：17）。图3.4概括地描述了设计思维和

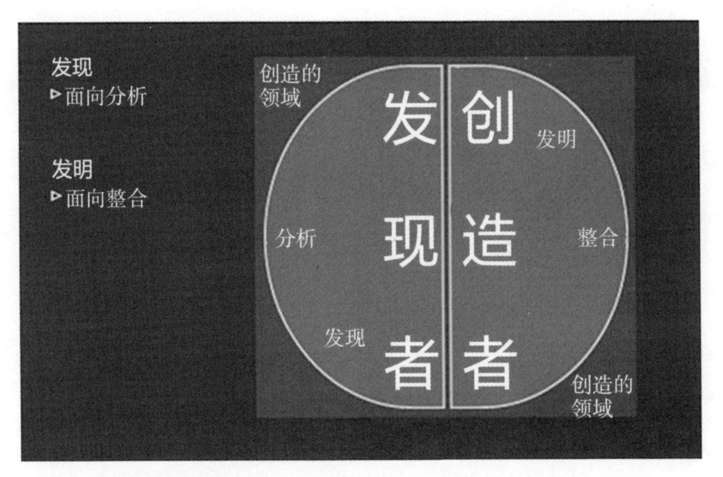

图3.4　两个研究领域的创造力模型（欧文，2007：17）

科学思维之间的差异。

在活动开始前，我向主办方提议，我将作为一个设计团队的参与者兼观察者参加，他们同意并支持了我的想法，他们对于这个记录2015年BarnRaise活动的机会颇感兴趣。活动前一周，我遇到了一位设计师，她是伊利诺伊理工大学设计学院的博士生，她打算将这次活动放在她的博士论文里，以探讨我们的研究目标。她对这项活动很感兴趣，因为这是一个观察设计研究生在活动中的参与情况，以及边做边学的好机会，这会为他们今后的职业生涯打下基础。从我作为参与者和研究者的角度来看，BarnRaise活动提供了一个机会，使人们得以从设计人类学的角度探索设计师主导的工作坊。

活动前：注册和团队分配

BarnRaise活动通过多渠道得到推广，包括活动网站、邮件、线下会议和社交媒体。这项活动用视觉语言传达以人为本和参与式的设计方法。BarnRaise活动的组织者直接与赞助商和客户联系，以争取他们的参与、支持和资金。

除了设计学院的学生和教师，其余参与者均要缴纳注册费。注册成功后，主办方会鼓励参与者填写一项简短调查，包括参与者的背景和促使他们参与该活动的原因。

准备阶段：开幕式招待会

BarnRaise活动的开幕式招待会上有许多主题发言人，参与者也可以利用这个机会与他们的项目团队成员见面，并在意向和内容方面对活动进行规划。鉴于医疗保健系统的规模和复杂性，主讲人讲述了设计师为应对医疗保健方面的挑战所做的工作。服务设计是解决“大问题”（人们希望从医疗保健体系中得到什么？）的一个有效方法。有几位发言者谈到将设计和定性研究的价值传达给做定量分析的研究者时常常遇到困难。来自Mad＊Pow（一家总部位于美国的设计咨询公司）的席亚拉·泰勒（Ciara Taylor）和萨曼莎·邓普西（Samantha Dempsey）在他们的“设计师誓言”中介绍了伦理学话题，该誓言将作为一种工具，唤起人们对伦理问题的讨论，比如“对我来说什么是正确的？”，“对病人来说什么是正确的？”以及“对团队来说什么是正确的？”

活动第一天，在进入各自团队之前，参与者可以在两个“速成班”之间二选一。我参加了医疗保健环境设计的速成班。纽约纪念斯隆·凯特琳癌症中心（Sloan Kettering Cancer Center）的服务设计师爱丽丝·罗（Alice Ro），用两幅图（图3.5和图3.6）说明了设计规范与医疗保健规范之间的鲜明差异。

图3.5　不同的价值观：设计和医疗保健（图片由纪念斯隆·凯特琳癌症中心提供）

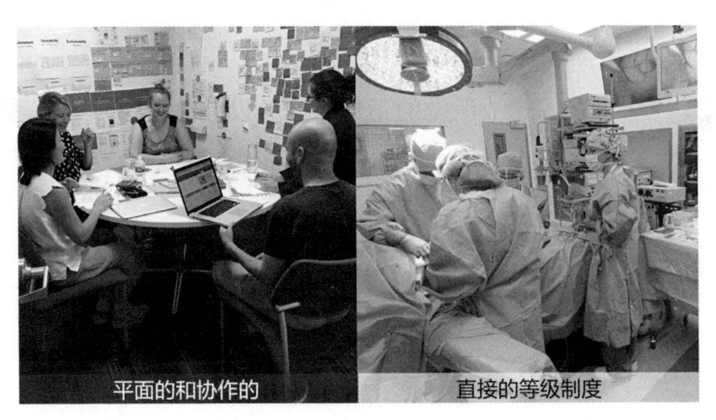

图3.6　不同的社会结构：设计和医疗保健（图片由纪念斯隆·凯特琳癌症中心提供）

设计工作坊：一个关于“创造中的未来”的事件

克亚斯高（Kjaersgaard）（2013：64–65）将设计工作坊视为促进“从研究到设计的转变”（Halse &Clarke，2008）的必经之路，他写道，“受卡普费雷（和他一起的还有特纳和德勒兹）的启发，我们可能会将这个设计工作坊视为是从仪式性转向现实的虚拟性（卡普费雷，2004），一种悬在真实性和可能性之间的现实。”克亚斯高注意到，由于工作坊的“虚拟现实”

性，现有的规则、角色和等级被暂时搁置。参与者中的非专家可以重新配置知识，“穿梭于当下与未来之间，社会与物质之间，置身于知识传统的边缘”（2013：65）。知识、特定的知识片段、以及不同来源的其他知识片段，构成了设计素材（2013：57）。

图3.7　BarnRaise活动的标志（2015）

这种知识配置的拼凑方式在设计工作坊较为普遍，但在BarnRaise活动中尤为突出，遵循了新兴可能性的原则。BarnRaise活动将这八项原则作为分析框架，帮助我们把该事件定位在一个蛛网图中（见图3.7、图3.8）。

BarnRaise活动的标志[9]以传统的谷仓建造活动为隐喻，传达了对协作、转型和未来取向的憧憬。该活动本着促进不同参与者之间进行跨学科互动的宗旨，进行推广、设计和组织。

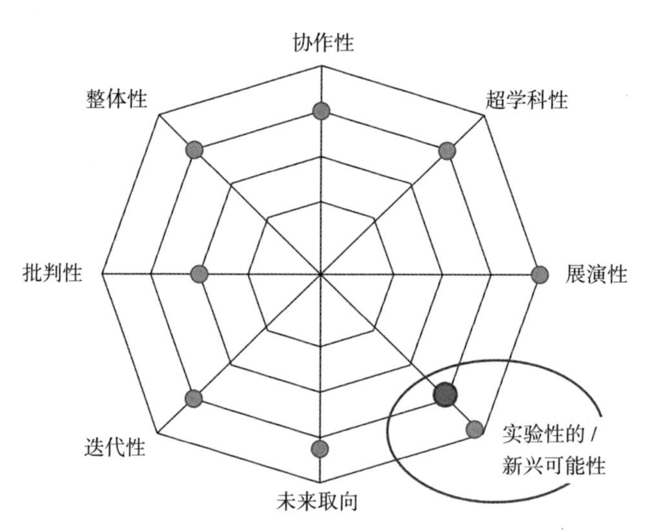

图3.8　BarnRaise活动：绘制设计人类学的新原则（蛛网图由J. 奈普绘制）

作为一个设计工作坊，BarnRaise活动的每个工作组在设计过程中都明确体现了展演性和迭代性。从某种程度上来说，整体性原则在项目团队中也是显而易见的。每个项目团队由两名协调员主导，在推广医疗保健的大范畴内聚焦一个具体的问题。我的项目团队关注的是美国退休人员协会（AARP）针对美国社会老龄化挑战所设计的宜居索引（Livability Index）[10]。通过与该协会的一名职员合作，我们研究了该索引，如何以了解"宜居性"的概念与"老龄化社会"之外的挑战相联系？并考虑了个人如何利用该索引（无论其年龄、性别或身体状况如何）评估特定区域的教育、医疗保健、住房、交通、就业和社区参与的可用性。

我们与来自当地社区的不同人群组成了一个焦点小组，探讨不同的人群和社区如何使用并受益于该索引。此次会话不包括客户。尽管焦点小组的成员最初对该索引的设计相当乐观，但我们刚开始实际操作就发现，对视力受损或身体受损的人来说，该索引的界面问题限制了其可用性。会话结束后，焦点小组最初的兴趣和积极性被一种共识所取代，即该索引并非适用于所有人，也没能兑现其承诺。那么该如何将这一评价转达给美国退休人员协会呢？对于需要向客户展示研究结论的设计团队来说，这是一个普遍的窘境，这个工作坊为项目团队及其协调员如何处理评估和批判意见提供了机会。项目团队听取了焦点小组的汇报后，由协调员负责向客户传达讨论结果。

将八项原则应用于BarnRaise活动的结果如图3.8所示。该图旨在用这八项原则衡量设计人类学的实施运作，让我们在看到它时能认识它，并将其与其他形式的"创造未来"的活动区分开来。如今，设计人类学仍在继续发展，而这八项原则的运用，将是在该领域内设置参数、定义概念的关键的一步。

注释

[1] 情境片段是指简短的、印象式的场景，聚焦于某一时刻，或对某一角色、想法、场景有独特见解。https://en.wikipedia.org/ wiki/Vignette（literature）.

[2] “多元学科术语不仅是一个通用术语，而且还包含了三种形式或阶段——多学科、交叉学科、超学科”（Miller，2016）。

[3] 后来卡普费雷不情愿地承认，“很难避免”对事件的阐释成分。他的建议是“事件的选择不应该基于它的阐释成分，也不应该因为它在某种程度上是一个宏观动态下的微观案例”（2010：17）。

[4] 卡普费雷指的是“格鲁克曼的曼切斯特学派”，J. 克莱德·米切尔、维克多·特纳，以及卡普费雷本人作为格鲁克曼的学生，都与该学派有关。

[5] 丹麦皇家艺术学院建筑、设计和保护学院（2016.6.28访问）。http://kadk.dk.

[6] 闭幕词（2016.6.28访问）。https://kadk.dk/co–design/research– network–design–anthropology/closing–conference–design–anthropological–futures.

[7] www.id.iit.edu/barnraise/.

[8] https://en.wikipedia.org/wiki/Charrette.

[9] Facebook（脸书）上的BarnRaise活动标志（2016.6.29访问）。www.facebook.com/barnraise.

[10] 什么是宜居索引?（2016.6.29访问）。https://livabilityindex.aarp.org/livability–defined.

参考文献

Choi, Bernard C.K. and Anita W.P. Pak. 2006. Multidisciplinarity, Interdisciplinarity, and Transdisciplinarity in Health Research, Services, Education and Policy: 1. Definitions, objectives, and evidence of effectiveness. *Clinical & Investigative Medicine*, 2006 (6), 361–364.

Deleuze, Gilles. 2004. *Difference and Repetition*. Trans. Paul R. Patton. New York: Continuum.

Deleuze, Gilles and Felix Guattaro. 1987. *A Thousand Plateaus: Capitalism and Schizophre-nia*. Trans. Brian Massumi. Minneapolis: University of Minnesota Press.

Drazin, Adam. 2012. Design Anthropology: Working on, with and for Digital Technologies. In H. Horst and D. Miller (Eds.), *Digital Anthropology*, Chapter 12. Oxford: Berg.

Dubberly, Hugh. 2011. Input for Updating the ICOGRADA Design Education Mani- festo. *AICOGRADA Design Education Manifesto*, 76–81.

Gibbons, Michael, Camille Limoges, Helga Nowotny, Simon Schwartzman, Peter Scott, and Martin Trow. 1994. *The New Production of Knowledge: The Dynamics of Science and Research in Contemporary Societies*. London: Sage.

Gunn, Wendy, Ton Otto, and Rachel C. Smith (Eds.). 2013. *Design Anthropology: Theory and Practice*. New York: Bloomsbury.

Halse, Joachim. 2013. Ethnographies of the Possible. In W. Gunn, T. Otto, and R.S. Smith (Eds.), *Design Anthropology: Theory and Practice*, 180–196. New York: Bloomsbury.

Halse, Joachim and Brandon Clark. 2008. Design Rituals and Performative Ethnogra- phy. *Ethnographic Praxis in Industry Conference Proceedings*, 2008(1),

128–145.

Halse, Joachim and Laura Boffi. 2016. Design Interventions as a Form of Inquiry. In R.C. Smith, K.T. Vangkilde, M.G. Kjaersgaard, T. Otto, J. Halse, and T. Binder (Eds.), *Design Anthropological Futures*. New York: Bloomsbury.

Kapferer, Bruce. 2004. Ritual Dynamics and Virtual Practice: Beyond Representation and Meaning. *Social Analysis*, 48(2), 35–54.

——. 2010. Introduction: In the Event-Toward an Anthropology of Generic Moments. *Social Analysis*, 54(3), 1–27.

Kjaersgaard, Mette G. 2013. (Trans)forming Knowledge and Design Concepts in the Design Workshop. In W. Gunn, T. Otto, and R.S. Smith (Eds.), *Design Anthropology: Theory and Practice*, 51–67. New York: Bloomsbury.

Luhmann, Niklas. 2012. *Introduction to Systems Theory*. Cambridge: Polity.

McCabe, Maryann and Elizabeth Briody. 2016. Working in Liminal States: Fluidity and Transformation in Organizations. *Journal of Business Anthropology*, Special Issue (2), 1–12.

Miller, Christine. 2015. *What's Anthropological about Design Anthropology? A Personal Re- flection*. Paper Presented at the Design Anthropological Futures Conference, Copen- hagen, Denmark.

———. 2016. Towards Transdisciplinarity: Liminality and the Transitions Inherent in Pluridisciplinary Collaborative Work. *Journal of Business Anthropology*, Special Issue (2), 1–23.

Nafus, Dawn and ken Anderson. 2006. The Real Problem: Rhetorics of Knowing in Corporate Ethnographic Research. *Ethnographic Praxis in Industry Conference Proceedings* (1), 244–258. Malden, MA: Blackwell Publishing.

Nicolescu, Basarab. 1994. Charter of Transdisciplinarity. In B. Nicolescu, E. Morin, and L. de Freitas (Eds.), Presented at the First World Congress on Transdisciplinarity, Convento de Arrabida, Portugal.

Nowotny, Helga, Peter Scott, and Michael Gibbons. 2001. *Re-thinking Science: Knowledge and the Public in an Age of Uncertainty*. Cambridge: Polity.

Ong, Aihwa and Stephen Collier (Eds.). 2009. *Global Assemblages: Technology, Politics, and Ethics as Anthropological Problems*. Malden, MA: Blackwell Publishing.

Owen, Charles. 2007. Design Thinking: Notes on Its Nature and Use. *Design Research Quarterly*, 2(1), 16–27.

Schechner, Richard. 1988. *Performance Theory*. New York: Routledge.

Sherry, John F., Jr. 1995. *Contemporary Marketing and Consumer Behavior: An Anthropological Sourcebook*. Thousand Oaks, CA: Sage.

Strathern, Marilyn. 2007. Interdisciplinarity: Some Models from the Human Sciences. *Interdisciplinary Science Review*, 32(2), 123–134.

Suchman, Lucy. 2011. Anthropological Relocations and the Limits of Design. *Annual Review of Anthropology*, 40, 1–18.

Turner, Victor. 1969. *Ritual Process: Structure and Anti-Structure*. Hawthorne, NY: Aldine de Gruyter.

Waterston, Alisse. 2016. AAA Implements Action on Israel-Palestine. Press Release on June 24, 2016.

Wenger, Etienne. 1998. *Communities of Practice: Learning, Meaning, and Identity*. Cambridge: Cambridge University Press.

第四章　绘制设计人类学地图

一、概述

本章介绍了设计人类学作为一种创新的研究领域的传播过程，以及作为一种新兴的超学科领域的前景。在前一章中，我提出了实施设计人类学的一种方法，在这里我要揭示本书的最终目标——促进设计人类学成为新兴的超学科研究领域，以及创建由区域化协作创新网络组成的全球实践社区。本章是与肯·里奥佩尔（Ken Riopelle）合作编写的，他提供了社会网络分析（social network analysis，SNA）方面的专业知识。我们运用动态网络分析（dynamic network analysis，DNA）——一个结合了传统社会网络分析和网络科学，调查人类和非人类行为体（即人和机构）的科学领域，这些行为体推动了设计人类学的实践和理论发展。

首先，我们要为设计人类学作为知识生产的一个独特分支构建基础。为什么要这么做？这样是否有助于我们加深对这个领域的理解？这不应该出现在本书的开头吗，为什么却出现在了最后？前几章描述了两个已建立的学科是如何发展和融合的，并因此出现了一个新的超学科研究领域。我们如何知道这个新领域是否正在传播、发展和成熟？设计人类学的理论和实践是否正在被分享和讨论？谁是实践者？谁（和什么）在影响这个领域的发展方向？通过运用以下章节所述的方法，我们将了解设计人类学的发展和传播，以及促进其发展的人和机构。

1. 设计人类学：学科、学科领域，还是研究策略？

尽管设计人类学被描述为“一个新兴的超学科研究领域”（Otto & Smith，2013：10），但它能否算得上一门学科？它是一种研究策略还是一个子领域？虽然“学科”一词用得不十分精确，但有一些既定标准可用于确定一个学习和知识生产的领域是否以及何时可以成为一门学科。受到广泛认同的一系列指标也可用于确定一个新的知识分支是否属于以及在多大程度上属于学术或科学学科。这些指标包括专门的会议和研讨会、资助和赞助、期刊、研究议程、公认的专家、专业协会和组织、以学科领域为重点的学术课程和项目，以及学科领域的论文。上述指标可以帮助我们相对快速地完成人工确认。

一种更严格的形式分类方法是基于对“可引用项（“citable items”）”的广泛检索，这样可以确定一个研究领域是否以及何时能成为一门学科。比如，汤森路透（Thomson Reuters）的科学网络（Web of Science，WoS）提供了这种形式的分析，现已得到广泛认可[1]。科学网络（WoS）会跟踪基于“可引用项”的新学科类别（Subject Categories，SCs）的出现，包括期刊文章、会议记录和评论（Leydesdorff、Careley和Rafols，2013）。定期更新的科学引文索引和社会科学引文索引（SCI+SoSCI）目前包括六大领域的252个学科类别（表4.1）。对新兴学科领域进行分类和编目是一项复杂的工作。不仅术语较为复杂（2013：589–590），其过程也是动态的。随着科学发展逐步呈现交叉学科的特点，新学科的比例正在稳步上升（Porter & Rafols，2009）。一些学科类别，如化学，已分裂出了独立的类别，而另一些学科则可能被淘汰。

在表4.1所示的GIPP（印刷行业协会）图表中，人类学被列为科学网络中社会科学学科下的一个学科类别。考古学也被认为是一个学科类别。然而，人类学的其他分支——生物人类学、文化人类学和语言人类学都没有被列为学科类别。设计学没有作为学科类别出现在这六个学科中。

表4.1　GIPP（印刷行业协会）图表（节选）：由科学、社会科学、艺术和人文领域的252个学科类别构成的科学纲要网

GIPP学科					
艺术&人文	临床，前临床&健康	工程&技术	生命科学	物理科学	社会科学
艺术	过敏学	声学	农业经济&政策	天文学/天体物理学	人类学
建筑	麻醉学	自动化与控制系统	农业工程	分析化学	考古学
古典文学	听力学与言语病理学	计算机科学，人工智能	农业、乳业和动物科学	应用化学	区域研究
文化研究	心脏和心血管系统	计算机科学、控制论	农业、多学科	无机和核化学	亚洲研究
舞蹈	临床神经病学	计算机科学、硬件与建筑	农艺学	医学化学	商业

基本网络检索：Google Ngram（谷歌书籍词频统计器）

首先，我们利用几种现成的基于网络的分析工具从互联网收集数据，从而梳理出设计人类学的粗略概念。在谷歌的书籍词频统计器（Google Books Ngram）中输入短语“设计人类学”后将出现一个图表，表上显示该短语在选定的1880–2008年间的书籍语料库中的出现情况[2]。我们可以输入多个短语以比较不同主题。两个单词的短语称为二元分词（bigram）；单个单词的短语称为一元分词（unigram）。还可以使用各种语言进行检索。图4.1–图4.3显示的词频统计器（Ngram）检索是英文的，且不区分大小写。我们还检索了“社会网络分析”这一相对较新的交叉学科领域以供比较。

尽管目前市场上已经出现了几本关于设计人类学的书籍，但都是2009年以后出版的，因此“设计人类学”没有出现在Ngram检索结果中。我们分别输入“设计学”和“人类学”，便出现了图4.1，该图显示，“设计学”一词的出现频率高于“人类学”，特别是1960年以来。当我们把时间范围缩小到1990–2008年时，这个差异尤为显著。

“设计人类学”有时被当作“商业人类学”的一个子研究领域。以“人类学”、“商业人类学”和“设计人类学”为检索词的Ngram检索结

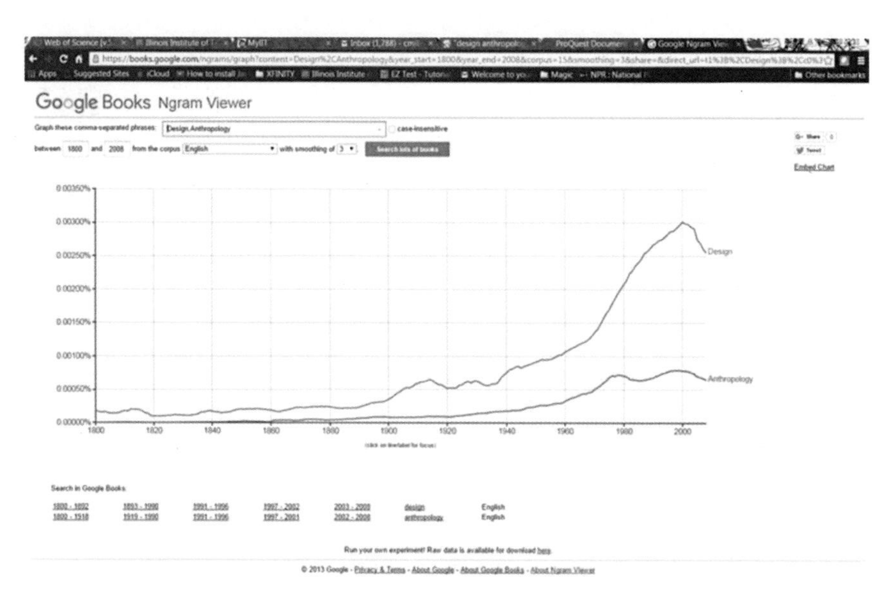

图4.1　1800–2008年“设计学”和“人类学”的Ngram检索结果

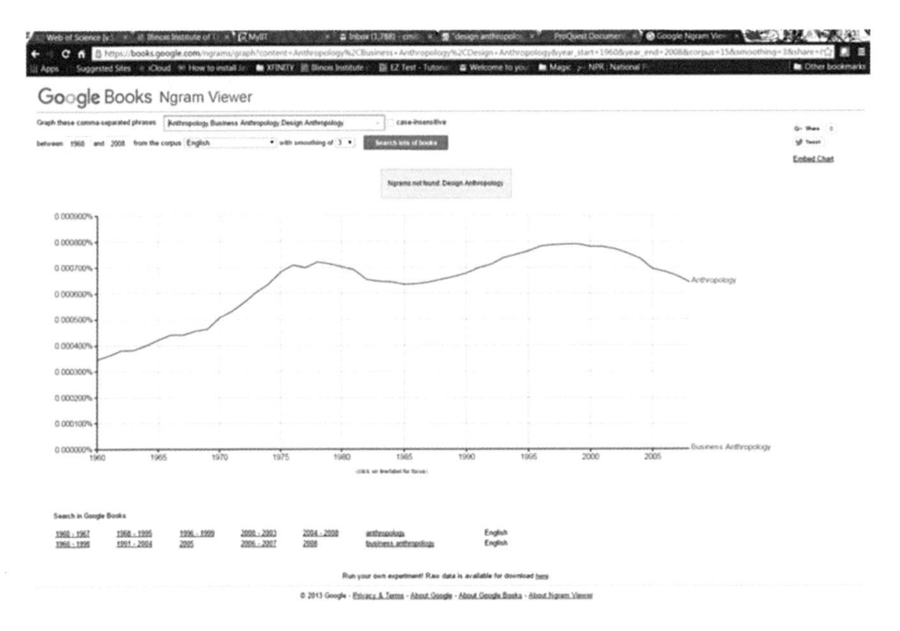

图4.2　1960-2008年“人类学”、“商业人类学”、“设计人类学”的Ngram检索结果

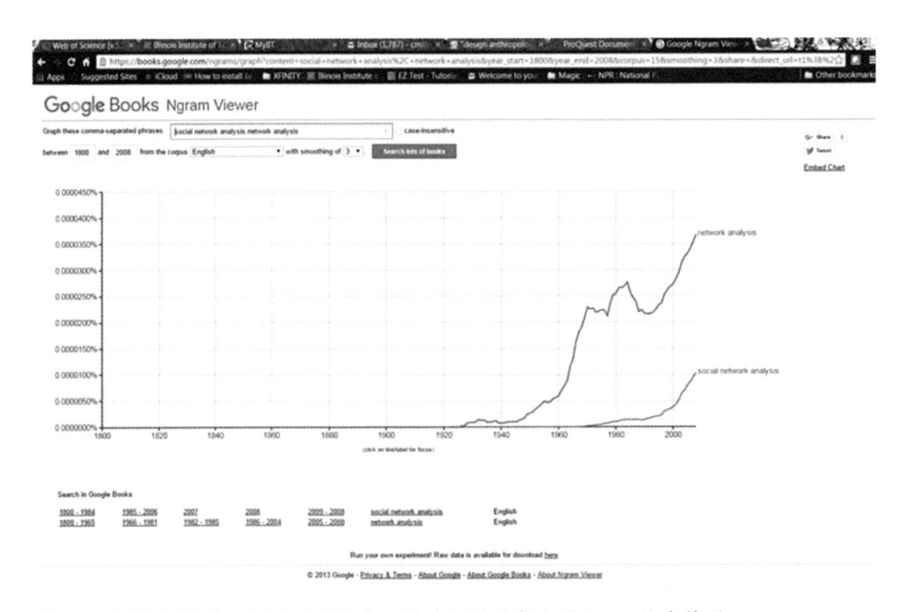

图4.3　1800-2008年“网络分析”和“社会网络分析”的Ngram检索结果

果显示（图4.2），与人类学相比，商业人类学出现的频率寥寥可数，而设计人类学更是无迹可循。

为了进行比较，我们输入了“社会网络分析”和“网络分析”，从而产生了图4.3的Ngram检索结果。不出所料，“网络分析”的出现频率高于子领域“社会网络分析”。

谷歌学术和ProQuest数据库平台

在谷歌学术中使用多个术语进行一系列检索，包括“设计人类学”、“设计+人类学”和“设计与分析”。在Ngram检索中，我们使用了“社会网络分析”这个术语，一个相对较新的交叉学科研究领域，来作为一个类比的学科领域。尽管谷歌学术检索会因为运行日期等因素产生不同的结果[3]，但仍然可以估算出该术语在论文和其他出版物中的出现频率。谷歌学术术语检索结果见表4.2。

表4.2　谷歌学术术语检索（2016.7.8）

	分类标准	命中数
“设计人类学”	按相关性排序–不限日期	1,070
	按日期排序	38
	按自定义日期排序：1990–2016	1,060
	按自定义日期排序：1980–2016	1,070
“社会网络分析”	按相关性排序–不限日期	168,000
	按日期排序	1,990
	按自定义日期排序：1990–2016	79,200
	按自定义日期排序：1980–2016	85,400

注：引号中的术语为特定检索词。

在谷歌学术输入“设计人类学”和“学位论文”，检索显示，丹麦有四篇关于设计人类学的论文（Pedersen，2007；Clarke，2008；Halse，2008；Kjaersgaard，2011），英国有一篇（O'Toole，2015）。在ProQuest数据库平台[4]中进行相似的检索，显示了上述提到的一篇论文（O'Toole，2015），和北得克萨斯大学的一篇硕士论文（Shade，2015）。[5]

上述高级检索表明，作为一个独特的知识生产领域，“设计人类学”还没有达到学科类别或学科的水平。然而，更细致的检索显示，“设计人类学”确实符合一个新兴领域的一些指标，例如，设计人类学有专门的会议、研讨会、出版物和论文。一项基于网络的大型数据调查，使我们能够用更为严格的分析工具将研究人员和研究机构网络进行可视化分析，从而能大致了解设计人类学的广度和深度，以及它作为一个新兴领域的相对成熟度。[6]在下一节中，我们将通过使用网络分析工具，把上述通过望远镜搜索（宏观搜索）获得的数据用于更深入的微观分析。

二、设计人类学事件及其贡献者的社会网络分析

本节选择了12个事件来代表2011–2016年间的重大设计人类学活动。每个事件都被明确定义为“设计人类学”，要么体现在题目中，要么体现在一系列研讨会的案例中——这些案例是一个更大事件下的子事件。“民族志+设计：相互挑衅”（事件9）会议是一个例外，因为它的标题没有明确提到设计人类学，但其内容却提到了设计人类学。选择这个事件是因为其中的几位受邀演讲人是其他事件的关键贡献者。

1. 数据描述

表4.3列出了本次分析选择的12个重要设计人类学事件。这些活动包括会议（事件7和事件9）、研讨会（事件3、事件4和事件5）、特邀专家组（事件10）、编著（事件6、事件8、事件11和事件12）、委员会和网络（事件1和事件2）。虽然也有其他场所，对传播设计人类学的相关信息具有重要意义[7]，如纳塔利·汉森在2002年创建的“人类学设计”（AntroDesign）[8]邮件列表，但我们选择的这12个事件与“设计人类学”一词有明确关联。并且，我们在网上发布事件[9]时附上了参与者名单，他们的相关信息可从公共来源获得，如网站或作者名单以及在事件发生或文章出版时的隶属关系。

这些数据已经作为本章的附件在网络上进行了公布（https://designanthro-pology.live/）。我们欢迎感兴趣的读者下载网络数据，自行进行更进一步的分析。

表4.3　2011-2016年的重大设计人类学事件

列表	列表名称（按年份排序）	计数	事件类型	年份
事件11	设计人类学：面向21世纪的对象文化（2011）	19	编著	2011
事件12	设计与人类学（2012）	21	编著	2012
事件1	设计人类学研究网络：指导委员会	7	委员会	2013
事件2	设计人类学研究网络：参与者	30	网络	2013
事件6	设计人类学：理论与实践（2013）：编辑及撰稿人	18	编著	2013
事件3	研讨会1：可能的民族志（2014.4）：主持人	16	研讨会	2014

续表

列表	列表名称（按年份排序）	计数	事件类型	年份
事件4	研讨会2：干涉主义者猜想（2014.4）：主持人	25	研讨会	2014
事件5	研讨会3：问题的协同形成（2015.1）：主持人	19	研讨会	2015
事件7	设计人类学未来会议，哥本哈根，丹麦，2015.8.13–14：意见书和海报	87	会议	2015
事件8	设计人类学未来，（2016.11提供）：编辑、撰稿人和审稿人	32	编著	2016
事件9	民族志+设计：相互挑衅会议，圣地亚哥，2016.10.27–29：特邀演讲嘉宾	13	会议	2016
事件10	AAA年会，明尼阿波利斯，2016.11.16–20：设计人类学小组	8	特邀专家组	2016
总计		295		

2．社会网络分析

这12个事件及其贡献者被转换为SNA（社会网络分析）的节点和链接列表[10]。每个事件都有一个识别号码。295名参与者被合并成一个180人的非重叠名单，并且，每人被分配了一个唯一的识别号码。贡献者包括参加会议、研讨会或演讲小组的人员，以及提供章节或编著的人员。贡献值没有加权。链接列表用于指明每个事件的参与者。总共创建了295个链接。

社会网络分析的软件——MultiNet/Negogy，被用于数据分析。图4.4是12个事件中180个非重叠人员的映射。标准特征向量[11]可以把人与事件按照关联程度进行排序。图4.4顶部和底部的人员和事件处于次要位置，而中间的人员和事件处于核心位置。左边的点代表人，右边的点代表事件。

我们观察到的第一个结论是，在顶部的一个事件与其他事件分离，有一组单独的人与该事件相连，但这一事件又由三个人作为联络人或桥梁与其他事件相连。

图4.5是相同的映射，但显示了名称。顶部的单一事件（事件11）是2011年的编著《设计人类学：21世纪的对象文化》（Clarke，2011）。三个人包括乔·安妮·比查德（Jo-Anne Bichard）、詹姆斯·亨特（Jamer Hunt）和艾莉森·克拉克（Alison Clarke），将此事件关联到底部的事件集群。具体而言，在表4.3列出的事件中，乔·安妮·比查德参加了事件7和事件11，詹姆斯·亨特参加了事件2、事件4和事件11，艾莉森·克拉克参加了事件2、事件5、事件8和事件11。

表4.4列出了参与事件11——2011年的编著《设计人类学：面向21世纪的对象文化》（Clarke，2011）的19人。

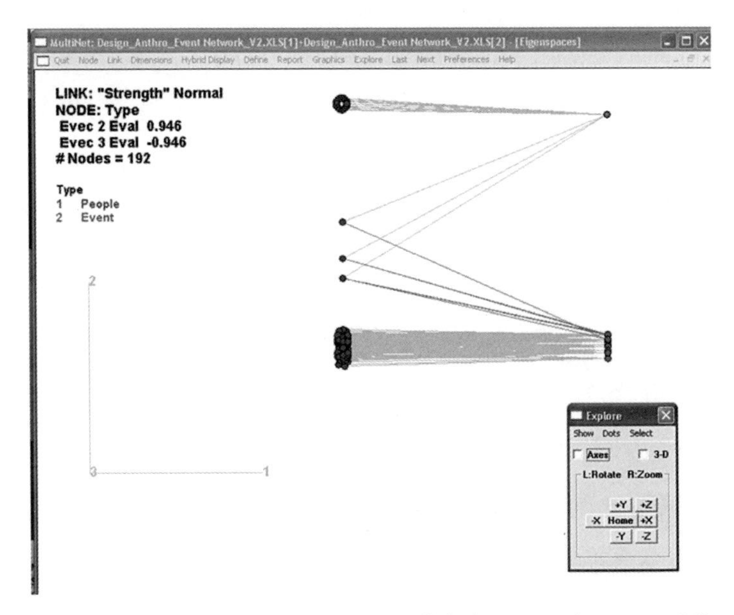

图4.4　2011-2016年参与12个设计人类学事件的180人的MultiNet映射

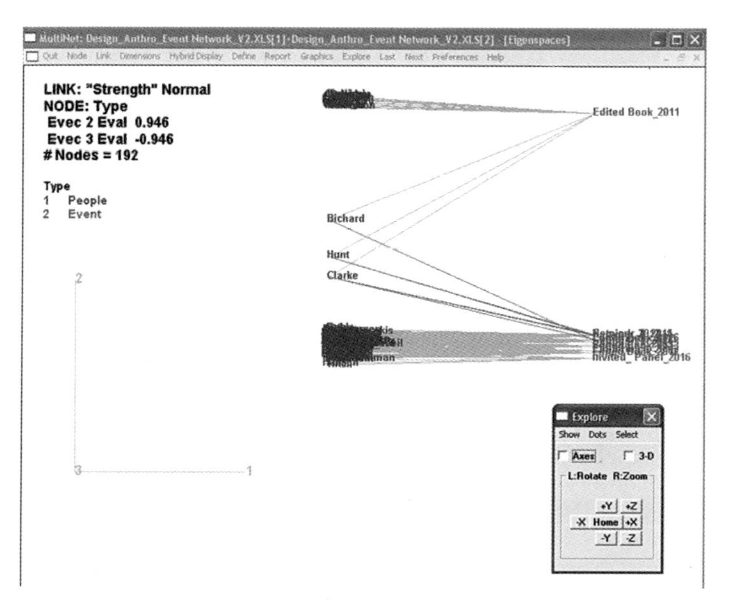

图4.5 2011-2016年参与12个设计人类学事件的180人的MultiNet映射，附带名字

接下来，我们使用Negopy（MultiNet中的一个软件工具，具有分群检测或聚类算法的功能）进一步分析数据。Negopy将下图4.6中较大的集群细化为另外两个组。图4.6是另一张映射图，三个不同的组，分别标记为A、B和C。A组是2011年编著的19位撰稿人的集合，其中三位是乔·安妮·比查德、詹姆斯·亨特和艾莉森·克拉克，他们是C组的联络人。B组代表只参加了其余11个事件的其中一件的112人。C组代表其余11个事件的核心小组，以及参加了两个及两个以上事件的52人，其中包括三位联络人。

此外，在C组中，占据最核心位置的人是：托恩·奥托、雷切尔·C·史密斯、乔治·马库斯、布兰登·克拉克、西塞尔·奥兰德、佐伊·安娜斯塔萨基斯、迈克·阿努萨斯、梅利莎·考德威尔、埃莉萨·贾卡迪、卡尔·迪萨沃、陶·乌尔夫·伦斯科尔德、拉米娅·马泽

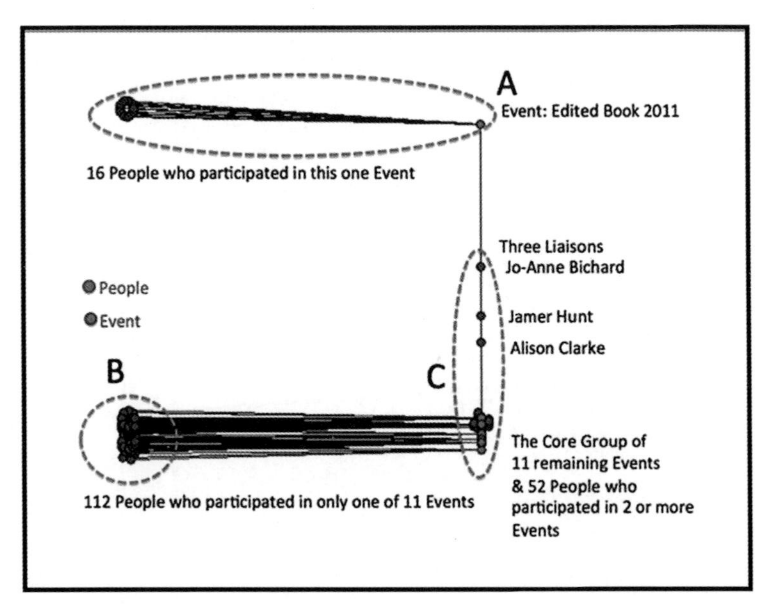

图4.6 2011–2016年12个设计人类学事件中的180位贡献者的Negopy聚类分析

和梅特·吉斯利夫·克亚斯高。

3. 谷歌网站搜索

接下来，我们分析了参与的机构——与关键贡献者一起被列出的机构——以了解它们在网络上对设计人类学的推广和支持情况。我们收集了27个网址，与它们相关的人要么是设计人类学研究网络的指导委员会成员（事件1），要么是其网络参与者（事件2）。我们之所以选择使用设计人类学研究网络相关人员的网址，首先是因为这些列表中的许多人被认为是核心贡献者，其次是因为这些信息是公开的[12]。我们还选择了三个与个人无关的网址：KADK（丹麦皇家建筑艺术学院）网站上的设计人类学研究网络的网址和两个已成立会议的网址，这些会议并没有明确侧重于设计人类学，但为设计人类学家提供了展示其工作的场所。

表4.4　2011年编著的撰稿人（事件11）

VIEW

Quit

```
Node 'Edited Book_2011' has "Idx" value: '11'
0 Links FROM Node 'Edited Book_2011' TO:
------------------
ID                    VALUE              STRENGTH

19 Links TO Node 'Edited Book_2011' FROM:
------------------
```

ID	VALUE	STRENGTH
Arkipov	18	1
Bezaitis	22	1
Bichard	23	1
Clarke	43	1
Dankl	47	1
DeNicola	51	1
Gammon	64	1
Garvey	65	1
Gheerawo	68	1
Hunt	91	1
K▮chler	106	1
Makovicky	118	1
Miller_D	127	1
Molotch	130	1
Roberts	151	1
Robinson	152	1
Suri	171	1
Thorpe	175	1
Young	191	1

我们使用谷歌进行网站搜索，以查找“网站网址和‘设计人类学’”在每个网址的点击率。所有搜索都是在2016年7月21日至23日之间进行的。结果如图4.7所示。

结果显示，这27个网址累计点击851次，其中，55%的点击次数来自4家机构[13]。点击率最高的是奥胡斯大学网站（193次），其次是加州大学伯克利分校的ARC实验室（109次）、斯文伯恩理工大学（106次）和丹麦皇家美术学院（60次）。我们还认为“设计人类学”在非英语网站上出现的可能性较小。总的来说，这些网站之间明显存在很大的差异性——14个网址的点击率不到10次——表明设计人类学主题并不是一些机构的研究重点。这可能有多种原因，例如前面提到的语言问题。然而，最有可能的原因是，该机构只有少数人，或者可能只有一个人，对

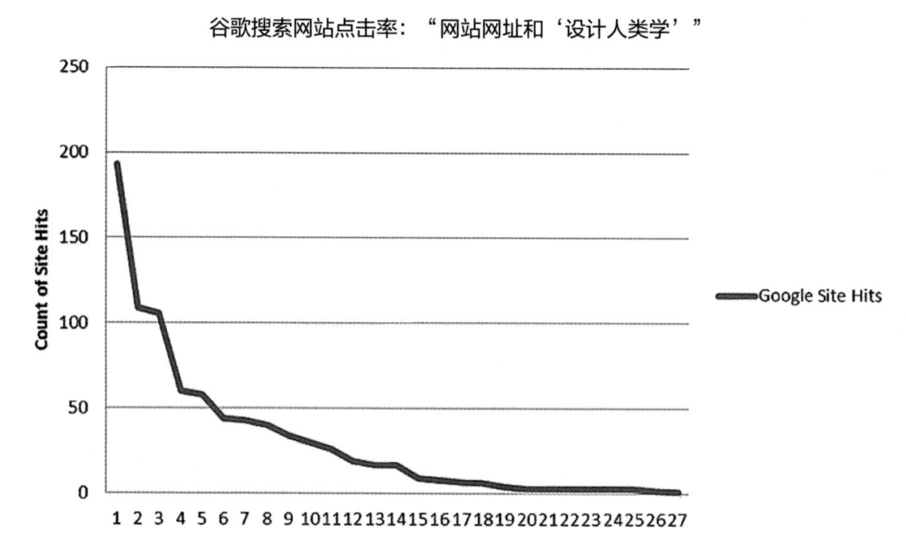

图4.7　谷歌27个网址的点击率

设计人类学作出了贡献。三个与特定个人无关的网址显示，EPIC People网站的点击率很高（58次），说明这几个机构大力支持设计人类学主题。

三、关于调查结果的讨论

我们分析的目的是回答一些关键问题，关于设计人类学作为一个独特的知识生产领域的地位，以及设计人类学的多种渠道的交流和多网络的传播。第一个关于设计人类学地位的问题是通过一系列初步网络检索来回答的。作为一个新兴领域，设计人类学并不符合WoS制定的学科或学科领域的标准。作为一个没有专用期刊的新领域，与已确立的学科领域（如表4.1中给出的领域研究）相比，它不符合“可引用项”的要求。然而，我们发现设计人类学符合大多数非正式的、被普遍接受的新兴领域的指标（表4.5）。

表4.5 新兴领域的指标

指标	存在／不存在	事件或来源
会议	√	设计人类学未来会议（2015）
研讨会	√	研讨会1：问题的协同形成（2014）
		研讨会2：干涉主义者猜想（2014）
		研讨会3：可能的民族志（2015）
特邀专家小组	√	设计人类学：人类学新兴途径的发现和证据（2016）
资金	√	丹麦研究委员会提供两年资金支持（2013–2015）[a]
期刊		
研究议程	√	进行中，特别是通过设计人类学研究网络组织的研讨会和会议
公认的专家	√	特邀演讲嘉宾名单（事件11）表明，有一批新生代因其专业知识而获得认可
会员制的组织和协会		
专门的学术课程／项目	√	阿伯丁大学（设计人类学硕士、博士项目）
		南丹麦大学（博士项目）
		截至2016年，斯温伯恩大学（设计人类学硕士项目）
		北得克萨斯大学（ANTH 4701–008：设计人类学）
		伦敦大学学院（材料学硕士；人类学硕士；设计学项目）
学位论文和论文	√	彼得森（2007）；克拉克（2008）；哈尔斯（2008）；克亚斯（2011）；谢伊德（2015）

a 丹麦研究委员会为一系列会议和研讨会提供了资金支持，目的是“为了能区分出潜力与挑战”，并制定研究议程。“关于设计人类学研究网络”（2016.7.25访问）。参见：https://kadk.dk/en/Research–Network–Design–Anthropology。

1. 设计人类学的COINs和CoPs

我们在解读研究结果时，参考了涉及协作与集体智能、创新网络，以及创新传播的三个概念和理论框架。通过SNA工具，我们能够确定180人的网络中最关键的13位核心贡献者。这13位核心贡献者要么是设计人类学研究网络指导委员会的成员，要么被列为网络参与者。在2011年至2016年期间，他们是设计人类学重大事件的最积极贡献者，这13位贡献者形成了一个核心，或者可以称之为一个协作创新网络（Collaborative Innovation Network，即COIN）（Gloor，2006）。COIN是一群自我组织、自我激励的人，他们有着共同的愿景。借助于网络，COIN的成员可以通过分享理念、信息和工作来实现共同的目标（2006：4）。而COIN既可以是由来自同一地区的人所组建，也可以是在网络上虚拟创建的。COINs并不是一种新现象，这在历史上一直存在。

COIN的成员们开发新的想法，他们集体创造和分享的知识比个体工作产生的知识更强大。高度的参与和信任才能使COIN成功运作。协作是“在严格的道德规范下”进行的，包括内部透明度和成员之间的直接沟通，而不是等级或官僚指挥链（2006：11）。COINs是自发组织的，而不是命令–控制型驱动的组织。成员的动机是内在的奖励，而不是金钱或类似的补偿。格洛尔（Gloor）引用Linux（操作系统）和万维网的发展等例子，认为在这些条件下，COINs构成了“有史以来最成功的创新引擎”（2006：4）。

由13人组成的核心小组体现了COIN的三大主要活动。他们通过集体创造力进行创新，相互协作，在正式的等级制度之外进行交流（2006：12）。设计人类学研究网络组织的系列研讨会和会议提供了一个好案例，它体现了通过集体创造力进行创新的过程（在对研究人员的公开邀请中明确了这一意图），以及网站内容中所述事件的探索性。在会议期间（事件7），协调员鼓励参与者之间的讨论以及诸如论文、海报和互动展品等物品的介入。作为一个参与者兼贡献者，这使我感到我们在个人贡献的总和之上创造出了更强大的东西。

COIN的三个关键角色——创造者（Creators）、交流者（Communicators）和协作者（Collaborators）——可以用来描述12个设计人类学事件的贡献者网络。创造者们不仅能提出有远见的想法，而且还能吸引他人注意。核心小组的13名成员和指导小组的其他成员符合创造者的角色，他们共同构建了设计人类学研究网络，并从丹麦研究委员会获得了资金支持。研究网络的创建强化了个体能量，并形成了一个能量漩涡以吸引感兴趣者的关注。格洛尔（2006：20–21）用蜂群行为类比创造者如何激励他人，从而提高了个人在探索新领域时所投入时间和精力。一些受到激励的人成为了交流者，他们传播言论并作为使者担负起推广新思想的任务——这就形成了临界点（Gladwell，2000），即“临界质量”的关键期。交流者形成了一个多元化群体，他们的个人关系架起了通向其他网络的桥梁。拥有相对庞大网络的人可以成为优秀的交流者。协作者是COIN的黏合剂，他们努力使愿景成为现实。我们发现，在这12个事件中，每个事件都有一组协作者去做很多幕后的工作，如组织研讨会、会议、讨论小组和编著。没有他们的付出，人们就无法共同创造和分享知识，从而推动设计人类学的发展。

COIN实际上是由三个相互关联的社区组成的生态系统，如图4.8所示：核心团队或协作创新网络（Collaborative Innovation Network，COIN）、协作学习网络（Collaborative Learning Network，CLN）和协作兴趣网络（Collaborative Interest Network，CIN）。我们的分析表明，形成A组、B组和C组的集群与COIN模型一致。COIN由一个具有奉献精神的小型核心团队组成。这包括13位核心贡献者，他们是C组的成员，因为对大多数事件都有贡献而占据网络最核心的位置。在这个分析中，我们使用对12个事件的累计贡献数作为个人贡献的指标。CLN是一个更大的群体，成员们有共同的爱好，希望“认识志同道合的人并向其学习”，这些就是C组中剩下的39人，他们为两个及以上的事件做出了贡献。CIN可以是一个很大的群体。在这个网络中，CIN由112人组成，他们有共同的爱好，但只对一个事件做出了贡献。COIN、CLN和CIN一起形成了格洛尔所谓的协作知识网络（Collaborative Knowledge Network，CKN），“（这是）一个高速反馈的回路，在这个回路中，COIN的创新结果立即被学习和兴趣网络即CLN和CIN采用，经历测试、改进或拒绝后，再反馈给原始的COIN”。COIN，CLN和CIN这三个社区网络共同支撑CKN生态系统的发展，这是“COIN创新能被推向临界点的主要机制”（2006：127–128）。

设计人类学研究网络成员组织并促成了研讨会（事件3、事件4和事件5）和会议（事件7）的开展，它们的开放环境提供了一个CKN反馈

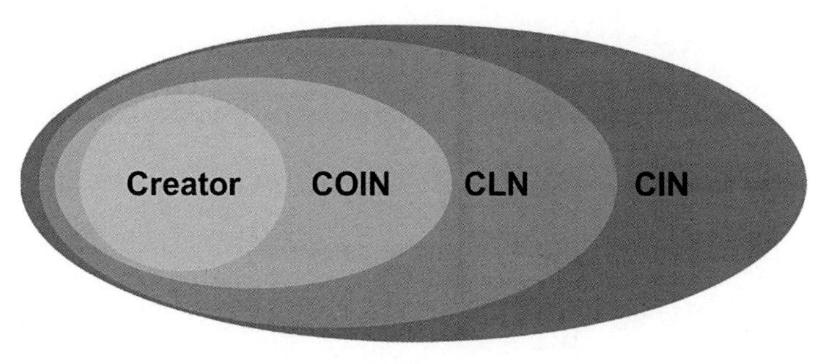

图4.8 经格洛尔许可使用的COIN模型改编版（捷瑞，2011）

回路的案例。传统的会议是“一对多”的呈现模式，在传统的会议模式中，参会论文是按主题分类的，并以“讨论”的形式呈现，以促进关注共同主题的与会者们的积极参与和交流。与传统模式不同，开放的“多对多”模式建立了一个反馈循环，使得与会者的观点可以得到当场分享和回应，并且会无缝衔接到下一个观点。“互动展览”不是典型的海报环节，而是遵循了一种类似积极参与的模式，在这种模式下，撰稿人举办简短的研讨会，使与会者能够与展览内容进行互动，他们的目的明确，即“进一步讨论设计人类学实践”[14]。在大多数情况下，会议结束后对话仍会持续进行，有时人们会发出邀请并创造机会，以便在其他事件（事件8、事件9和事件10）中进一步深入讨论设计理论和实践。

COIN、CLN和CIN网络是流动的，大多是非正式的、可渗透的。与会者的会籍是动态的，因此，随着时间的推移，会因先前提到的因素发生变化，这些因素会影响个体情况，如物理距离、旅行预算、时间、对某一事物的了解、或被邀请参加某个事件等。

通过贡献者之间的共同参与、集体协商和不断增长的资源开发，设计人类学体现了不断扩大的实践社区（Community of Practice，CoP）的特征（Lave & Wenger，1991；Wenger，1999）。当个体投入时间和精力，编著、投稿或参与会议、研讨会、讨论小组时，他们在社区中的地位就会改变。图4.9显示了莱夫（Lave）和温格（Wenger）所描述的参与和不参与的轨迹。“周边性（Peripherality）”和“边缘性（Marginality）”的区别被描述成轨迹，它体现了参与或不参与的重要性。周边性体现的轨迹能使成员向集团核心移动，这可以通过参与更多事件从而提升参与度。周边性也可以描述另一种轨迹，在这个轨迹上，某成员因为其参与度最小而处于集团边缘。这两种轨迹都是流动的，可随个人原因或实践

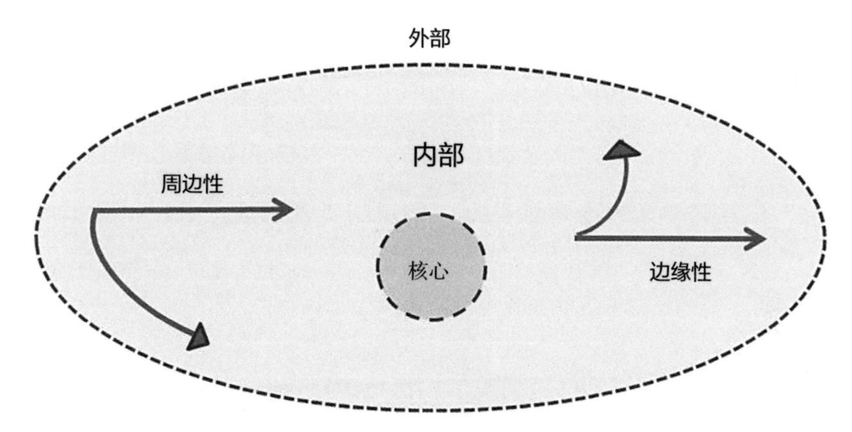

图4.9 参与和不参与的关系 资料来源：改编自温格（1998：167）

社区内的变化而变化。边缘性是一种不参与的状态，它阻碍了充分参与（Wenger，1999：166）。边缘性的轨迹指向社区的边缘而不是中心。例如，一个人的技能和能力（比如语言能力）明显低于群体中的其他人，他就可能会被边缘化。情境问题也会影响周边性和边缘性。例如，我们知道，活动的实际地点和机构旅行预算的缩减，会限制人们参加远离家乡的会议、研讨会和讨论小组。此外，人们对工作投入、家庭问题或个人疾病的等问题的考虑也常常会优先于考虑参加实践社区的活动。

CoPs的概念为探讨设计人类学社会网络的分析提供了一个有效框架。对社会参与、学习维度的强调，以及周边性和边缘性的轨迹在概念上与COIN的基本原则一致。在下一节中，我们将引入扩散理论，来解释设计人类学理论和实践是如何被交流、传播到其他社区和网络的。

2. 追踪创新的传播

当你在想一个新东西时，你就在进行一个发明。当你在改变我们生活的世界时，你就在进行一项创新。

阿诺·彭齐亚斯（Arno Penvias），

新企业联合会（New Enterprise Associates）投资合伙人，

诺贝尔物理学奖获得者，1978年

引自麻省理工学院1999年9–10月

到目前为止，我们已经描述了协作与集体智能，以及创新网络这两个概念和理论框架。扩散理论（Diffusion Theory）（Rogers，2003）为我们提供了第三个框架，可以帮助我们解释设计人类学的理论和实践通过越来越多的网络进行传播的过程。扩散理论的四个主要元素——发明或想法、传播渠道、社会系统，以及接纳时间——可以应用于我们的分析，以展示信息和知识是如何通过多个网络和渠道进行交流和共享的。

在扩散理论出现之前，人类学家H.G.巴奈特（H.G. Barnett）（1953）试图建立一个关于创新本质的一般理论。巴奈特提出，创新是一种心理现象，每种创新都由一种观念作为开始，无论它是一种新产品或服务、抑或是一种新的宗教、一场诸如环境保护主义之类的运动，还是就设计人类学而言，这种观念是一个新的知识生产领域。通过一系列的案例研究，他描述了新思想（即发明）是如何被引入到一个社会系统中的，在这个社会系统中，它经历了一个以接纳、重新发明（即适应）或拒绝为结果的过程。巴奈特把创新定义为一个文化变迁的社会性过程。他认为“创新的一般理论的真正挑战在于行为、信仰和概念领域”，而不是机械或技术上的挑战（1953：12）。

罗杰斯（Rogers）还把社会因素和文化变革作为创新过程的重要组成部分。他将扩散定义为“随着时间推移，社会系统的成员通过某种渠道交流创新的过程”（2003：5）。沟通被定义为“参与者为了达成相互理解而创造和分享信息的过程”，传播渠道“是信息从一个人传递到另一个人的方式”（2003：36）。罗杰斯指出，从这个意义上讲，沟通“意味着一个趋同化或差异化的过程，两人或多人通过交换信息，使他们在对某些事件的看法上产生共识或分歧。”他认为，“扩散是一种特殊的沟通方式，其中的信息都指向一个新的思想。该思想的创新赋予了扩散以特殊性”（2003：5–6）。

设计人类学在2000年左右作为一种“新思想”出现[15]，这项发明是“一种结合了设计学和人类学的见解和实践的杂柔方法”（Halse，2008）。然而，这种思想已经在多个地方酝酿了一段时间。例如，在20世纪90年代，IDEO[16]和Doblin等设计公司开始启用交叉学科项目团队，其中包括设计师和人类学家[17]。设计人类学通过多种传播渠道（会议报告[18]、已发表的文章、项目、论文和学术课程等）被介绍给多个社会群体，2011年第一本设计人类学编著（事件11）出版时，这个术语已得到了广泛共识。

罗杰斯认为，创新–发展的过程始于发现一个问题或一种未被满足的需求，然后是研究和开发、商业化或规模化、扩散和接纳，以及产出结果（Rogers，2003：137）。哈尔斯（2008：3）将设计人类学家试图解决的“基本问题”描述为“将有趣的民族志观察与有趣的设计建议联系起来”。我们分析中的12个事件充分证明了关于设计人类学理论及实践的研究和发展正在持续推进中。表4.3中的案例提供了个人和机构参与设计人类学的调整、扩散和接纳等过程的证据。尽管现在还无法预判扩散和接纳的结果，但因为设计学和人类学都在试图重新划定它们的界限，因此我们已经可以看到一些有趣的进展。克里斯琴·马兹比尔格

（Christian Madsbjerg）2014年在EPIC会议上发表了一次颇具挑衅性的演讲，他要求与会者“与设计离婚”。说到“民族志与设计的联姻”时，马兹比尔争辩道，尽管一些公司已经开发出了“深思熟虑的设计研究模型”，但其他设计师“对真正的民族志并不感兴趣，只是意识到了其广泛的吸引力，因此采纳了一种弱化的版本”[19]。除了上述这种警示之外，我们也看到了一些关注设计人类学的项目和课程的推广。

同质性与异质性

同质性和异质性是用于理解新思想传播，特别是设计人类学信息传播的相关概念。同质性是指与最像我们的人，例如在年龄、性别、职业或教育背景上与相似的人交往和联系的倾向。身体上和社会上的接近也会产生同质性。众所周知的成语“人以群分”描述的便是同质性的社会群体。在一个同质性的社会群体中——具有共同价值观、信仰和认知的个体之间，交流往往更有效、更高效且回报率更高。另一方面，异质性则与差异性和多样性有关。与同质性相反，异质性被定义为“在某种程度上，相互作用的个体在某些属性上是不同的”（Rogers，2003：6）。由于社会地位、语言等因素的差异，不同个体之间进行异质性交流时，会面对与现存信仰体系相矛盾的信息，从而产生认知失调。

同质化和异质化交流的差异对新思想的传播产生了重大影响。罗杰斯指出，“新思想的交流更容易影响知识获取、态度的形成和改变，以及公开的行为改变”（2003：19）。尽管同质性似乎对传播有积极影响，但它也形成了“系统内部创新流动的无形障碍”（2003：306）。有些人与我们在对事物和经验的看法上没有共同语言，和他们交流可能会很困难，令人沮丧，尤其是在尝试交流新思想的时候。提到向组织环境中的异质性群体传达“新思想”时，厄温（Erwin）（2014）写道：

> 创造新思想最大的挑战之一是让他人理解，而不是让自己理解。向组织的利益相关者（其中许多人没有参与开发阶段）阐述新发明或新思想的挑战，是内部采纳和新思想实施之间的一道让人头疼的鸿沟。
>
> （2014：3）

尽管在沟通方面存在挑战，但异质性网络通常与不同的社会群体或“集团”相连。当两个人在异质性社会群体之间形成联系或“桥梁”（Granovetter，1973）时，有关创新的信息就可以传达并传播给更多的人。在我们的分析中，我们发现来自A组（事件11）的三个人充当了连接A组和C组的联络人，除此之外，这两个网络可能没有其他联系方式（图4.6）。罗杰斯认为，“扩散的本质要求两个参与者之间至少在某种程度上有异质性”（2003：306）。

> 同质性加速了扩散过程，但限制了创新在紧密联系的个体之间的传播。从根本上来说，产生扩散的交流渠道必须至少在某种程度上具有异质性。

2011年至2016年间发生的12个事件的网络分析表明，与设计人类学明确相关的信息主要通过同质性网络进行传播。虽然这种现象对于创新过程的研究和发展阶段来说是好兆头，但我们也要看到关于设计人类学实践及理论的信息并没有广泛地扩散到异质化网络。新的思想毫无疑问是不稳定的，这使得交流的过程颇具挑战性。我们探讨了那些被确定为核心贡献者（即COIN）的人是否已经达成共识，这些人采取缓慢而稳定的方法，建立丰富的知识体系，以吸引其他愿意协同参与和共享集体创造力的人，他们愿意并能够为理论和实践的发展做出贡献。但如果首先考虑的是大规模的促销活动和商业化目的时，就会背离这个特点。基于共同基础和共同语言的支持，（我们）表明了这样一个深思熟虑的决定（即便是不明确的）：那就是人们应该巩固设计人类学理论和实践的核心原则及价值观，而不是把它作为揭示"用户"需要和诉求的万能药进行宣传。

创新的属性

扩散理论的另一个相关概念是罗杰斯认定的创新的五个属性：相对优越性、兼容性、复杂性、可试验性和可观察性（2003：223）。我们可以把这些属性当做一个棱镜，以此考量如何权衡每个因素，以及它们如何影响决策过程。首先，与其他形式涉及的设计和民族志的田野考察相比，采用设计人类学方法的优势或益处是什么？其次，设计人类学方法论与某些人当前工作的兼容度有多少？这种考虑不仅涉及个人工作，还涉及"新思想"是否会作为一种有效的形式被他们的主要社会群体（即他们的同事）所接受。再次，复杂性与新思想的多维性有关。例如，设计人类学需要新的硬件或软件吗？它需要获取新知识吗？在当前的项目中学习运用这种新方法有多困难？从次，扩散理论的下一个属性是可试验性。设计人类学是可行的还是"可以尝试的"？在低风险的情况或环境下，能以低成本尝试吗？最后，设计人类学是可观察的吗？人们如何知道其存在？人们能观察到它的实践或看到设计人类学实践的结果吗？

作为一个新兴领域，设计人类学目前的属性得分较低。在人类学和设计学之外，这个领域实际上是未知的。即使在这些学科中，学习或观察设计人类学的机会也仅限于几本书、几篇文章和几次会议。设计人类学的理论和实践的发展将取决于不断增加的机会，凭借这些机会，我们可以对设计人类学这个领域进行观察和尝试，并评估其相对优越性、复杂性，以及与当前方法、实践和思维定势之间产生的兼容性。我们可以共同想象设计人类学开展的可能性、协作程度以及参与情况。

四、结语

本章简要介绍了设计人类学理论实践的特点、现状和扩散情况。我们利用WoS的标准，首先确定了设计人类学不是一个被正式认可的“学科领域”。然而，通过一系列基于网络的检索，以及谷歌Ngram和谷歌学术搜索，我们发现它符合一系列被广泛认可的指标（见表4.5），证实了设计人类学是一个新兴的知识生产领域。

接下来，我们对2011–2016年期间12个与设计人类学明确相关的重大事件（表4.3）和180名参与者（即贡献者）进行了分析。我们将事件和人员转换为SNA的节点和链接列表。通过网络分析工具MultiNet/Negopy，我们划分出了三个组（图4.4），其中一组与另外两组相对隔绝。事件11的19名参与者（表4.4）中有16名参与者未参加其他11个事件，而有3名参与者成为了A组到C组的联络人员（图4.6）。C组包括在12个事件的180个参与者网络中占据最核心位置的13个人。我们将这13个人称作“核心贡献者”。第三组，B组，包含了只对C组其余11个事件中的一个做出贡献的参与者。

我们还分析了27个与核心贡献者群体相关的机构，这些核心贡献者要么是设计人类学研究网络委员会的成员，要么是网络参与者。我们用谷歌分析了“网站网址和‘设计人类学’”短语的点击次数（图4.7）。结果显示，61%的点击来自5个网址，其中4个是机构网站。第五个是EPIC People网站，该网站对设计人类学的话题显示出极大的支持。

网络分析是抽象的，没有覆盖语境维度。因此，我们将关于协作与集体智能、创新网络和创新传播的三个概念和理论框架应用于我们的研究结果中。利用COIN模型（图4.8），我们确定了一个生态系统，该系统由核心贡献者群体、对两个及以上事件有贡献的参与者构成的CLN群体，以及更大范围的CIN群体所组成。我们认为，CKN产生于协同参与、富有创造性的即兴创作和创新以及直接交流中，它可以作为一个反馈回路，进一步促进知识生产和设计人类学理论与实践的发展。

我们描述了设计人类学如何通过贡献者之间的共同参与、集体协商和不断增长的资源库的开发，而呈现出了不断扩大的CoP的特征。我们探讨了周边性和边缘性的概念是如何围绕12个事件中的参与度来界定问题的，以及网络和社区随着时间不断发展可能产生的影响。

最后，我们运用扩散理论解释了设计人类学的信息如何通过多种渠道（即12个事件）进行交流，并通过多个网络进行共享。我们描述了扩散理论的四个主要元素——发明或想法、传播渠道、社会系统以及接纳时间——如何与我们的数据产生联系，以及如何用创新的五种属性来预测设计人类学的创新是否会扩散及其扩散速度。

设计人类学理论和实践通过多种渠道和网络传播，导致了设计范围和关联性的迅速扩大，以及被墨菲和马库斯（2013）称作“重建人类学的组织和运作”的彻底改革。我们邀请读者来评判：设计人类学是在发展还是在萎缩？或者，它会被另一个研究团体归入一个兴趣小组或子框架吗？它是否会继续在区域化网络内发展，并用一些桥梁作为联络点？

将设计人类学划分为一个独特的知识生产领域，标志着对其独特价值的认可，为保持这种势头所付出的努力是值得肯定的。这意味着我们需要用集体思维继续这个研究议程。

注释

[1] 汤森路透的科学网络（2016.7.12访问），http://ipscience.thomson-reuters.com/.

[2] 谷歌Ngram（2016.7.12访问），https://books.google.com/ngrams.

[3] 数据在不断增加。在谷歌学术上的这些检索进行于2016.7.12。

[4] ProQuest 数据库（2016.7.8访问），www.proquest.com/.

[5] 在谷歌学术和ProQuest上的博、硕士论文检索进行于2016.7.12。

[6] 使用基于网络的工具时，结果会随着检索时间和日期等因素而变化。本节给出的结果并非旨在提供一个明确的分析。相反，它们提供了一种方法来理解互联网上的海量数据。

[7] 冈恩、奥托和史密斯在第11届两年一度的EASA社会人类学家协会会议（Maynooth，Ireland，2010.8）上发表了一篇论文，题为“设计人类学：将不同的时间线、尺度和活动交织在一起”，尽管这可以被当作一个重大事件，但它没有被包括在内，因为该论文已被修订并收录入编辑卷《设计人类学：理论与实践》（Gunn，Otto，Smith，2013）中。另一份出版物《设计与人类学》（Gunn和Donovan，2012）也可以考虑列入这份名单。

[8] “人类学设计（Anthrodesign）”是纳塔莉·汉森于2002年成立的一个雅虎兴趣小组。它目前拥有2000余名国际会员，包括人类学家、设计师和民族志学家。（2016.7.28访问）http://anthrodesign.com.

[9] 设计人类学讨论小组（事件10）是一个例外，因为发言人名单可供AAA年会的与会者使用。我获得了将这些发言人姓名包含在内的许可。

[10] 网络分析是一个多学科领域。术语在各个领域的应用往往不尽相同。例如，“节点（nodes）”可以称为“参与者（actors）”，“链接（links）”可以称为“边缘（edges）”。

[11] 特征向量（Eigen vector）是线性代数中的一个术语，用来描述场域F中向量空间V的线性变换T。这个术语也用于网络分析。

[12] 设计人类学研究网络的KADK（丹麦皇家建筑艺术学院）网页列出了指导委员会成员和网络参与者的姓名。https:// kadk.dk/en/who–network.

[13] 完整的网址和检索结果列表可在该书的配套网站上找到。

[14] 十二个互动展览，设计人类学未来会议网站（2016.7.27访问）https://kadk.dk/sites/default/ les/downloads/article/interactive_exhibitions_documentation_002.pdf.

[15] 哈尔斯写道：“2001年，许多从事设计工作的人类学家组成了一个小组。”到2008年，这个小组有40名成员。他指出，“这不是一个研究论坛，也不是一个从业者网络，而是介于两者之间的组织。在‘设计人类学’的标签下，我们定期会面，以建立一个桥梁区域，讨论跨越学术界和工业界传统鸿沟的问题”（2008：7–8）。

[16] IDEO著名的购物车概念（2016.7.27访问），www.ideo.com/ work/shopping–cart–concept.

[17] 里克·E.罗宾逊，时任多布林的研究主管，和约翰·凯恩，时任设计负责人，在这些早期探索中发挥了重要作用。罗宾逊接着成立了其他设计公司，包括1994年成立的E–Lab公司，后来又在2010

年与约翰·凯恩共同建立了IOTA公司。

[18] 哈尔斯写道，“关注参与和定性的田野方法”在参与式设计（PD）领域得到了很好的体现，并成为参与式设计会议的一个主题。他补充说，2005年成立的每年一次的“产业联盟中的民族志实践”（Ethnographic Praxis in Industry Conference，EPIC）提供了另一个场所，以讨论商业环境中的或与其相关的民族志和设计（2008：7）。

[19] “生日快乐，现在该长大了”（视频和文字访问于2016.7.27），www.epicpeople.org/happy–birthday–now–grow–up/.

参考文献

Barnett, H.G. 1953. *Innovation: The Basis of Cultural Change*. New York: McGraw-Hill.

Clark, Brandon. 2008. *Design as Sociopolitical Navigation: A Performative Framework for Action-Oriented Design*. Ph.D. dissertation, University of Southern Denmark, Odense, Denmark.

Clarke, Alison (Ed.). 2010. *Design Anthropology: Object Culture for the 21st Century*. Vienna: Springer.

Erwin, Kim. 2014. *Communicating the New: Methods to Shape and Accelerate Innovation*. Hoboken, NJ: Wiley.

Gladwell, Malcom. 2000. *The Tipping Point: How Little Things Can Make a Big Difference*. New York: Little, Brown and Company.

Gloor, Peter. 2006. *Swarm Creativity*. New York: Oxford University Press.

Granovetter, Mark S. 1973. The Strength of Weak Ties. *American Journal of*

Sociology, 78, 1360–1380.

Gunn, Wendy and Jared Donovan. 2012. *Design and Anthropology*. Burlington, VT: Ashgate Publishing.

Gunn, Wendy, Ton Otto, and Rachel C. Smith. 2010. *Design Anthropology: Intertwining Different Timelines, Scales and Movements*. Paper Presented at the 11th Biennial EASA European Association of Social Anthropologist Conference, Maynooth, Ireland.

Gunn, Wendy, Ton Otto, and Rachel C. Smith (Eds.). 2013. *Design Anthropology: Theory and Practice*. New York: Bloomsbury.

Halse, Joachim. 2008. Design Anthropology: Borderland Experiments with Participation, Performance and Situated Intervention. Ph.D. dissertation, IT University of Copenhagen, Copenhagen, Denmark.

Jara, Elisa. 2011. COIN Model. Graphic Illustration. Savannah College of Art and De- sign, Savannah, GA.

Kjaersgaard, Mette. 2011. *Between the Actual and the Potential: The Challenges of Design Anthropology*. Ph.D. dissertation, Aarhaus University, Copenhagen, Denmark.

Lave, Jean and Etienne Wenger. 1991. *Situated Learning: Legitimate Peripheral Participation*. Cambridge: Cambridge University Press.

Leydesdorff, Loett, Stephen Carley, and Ismael Rofols. 2013. Global Maps of Science Based on the New Web of Science Categories. *Sociometrics*, 94, 589–593.

Murphy, Kevin and George Marcus. 2013. Epilogue: Ethnography and Design, Ethnography in Design···Ethnography by Design. In W. Gunn, T. Otto, and R.C. Smith (Eds.), *Design Anthropology: Theory and Practice*, 251–267. New

York: Bloomsbury.

O'Toole, Robert. 2015. *Fit, Stick, Spread and Grow: Transdisciplinary Design Thinking for the Remaking of Higher Education*. Ph.D. dissertation, University of Warwick, Coventry, UK.

Otto, Ton and Rachel C. Smith. 2013. Design Anthropology: A Distinct Way of Kowing. In W. Gunn, T. Otto, and R.S. Smith (Eds.), *Design Anthropology: Theory and Practice*, 1–32. New York: Bloomsbury.

Pedersen, Jens. 2007. *Protocols of Research and Design: Reflections on a Participatory Design Project (sort of)*. Ph.D. dissertation, IT University of Copenhagen, Copenhagen, Denmark.

Porter, Alan and Ismael Rafols. 2009. Is Science Becoming More Interdisciplinary? Measuring and Mapping Six Research Fields Over Time. *Sociometrics*, 81(3), 719–745.

Rogers, Everett. 2003. *Diffusion of Innovations* (5th Ed.). New York: Free Press.

Shade, Molly. 2015. *The Burner Project: Privacy and Social Control in a Networked World*. M.S. thesis, University of North Texas, Denton, TX.

Smith, Rachel C., Kasper Tang Vangkilde, Mette G. Kjaersgaard, Ton Otto, Joachim Halse, and Thomas Binder (Eds.). 2016. *Design Anthropological Futures*. New York: Bloomsbury.

Wenger, Etienne. 1999. *Communities of Practice: Learning, Meaning, and Identity*. New York: Cambridge University Press.

第五章　后记

一、结语……暂时的

在本书的研究和写作过程中，设计人类学作为一个超学科领域仍在不断发展，它将设计的基本变化方向和批判性的人类学观察和分析结合在一起。这本书的目的已经超越了最初目标——描述“融入了民族志的设计（ethnographically informed design）”，而那种设计只是设计师和人类学家的初次相遇，本书真正做的是将设计人类学作为一种独特的“认知方式”进行探索（Otto & Smith，2013）。本章作为全书的最后一章，提出了结论性意见，旨在引发进一步讨论，深入思考设计人类学这个新兴领域及培育和支持其持续发展的网络和社区。

1. 混乱和新兴秩序

设计人类学，是一场大型的学科融合运动的一部分，随着知识生产的交叉领域的出现，该运动打破了学科界限和新秩序，从而为无序创造了可能。道格拉斯（2002）提醒我们，虽然无序通过扰乱既定的模式和惯例来制造混乱，但它同时也具有“无限的创造潜力”。因此，道格拉斯认为，我们不应谴责无序，而应认识到“它是危险和力量的双重象征”（2002：117）。

2. 它本身就是一个研究领域

设计人类学本身就是一个新兴研究领域。它的超学科性质——它涉及许多学科的事实——使得它不可能完全成为人类学或商业人类学的一个子领域。它不是萨奇曼提出的那种设计中的人类学（2011：3）。尽管在许多不同的实践方式中，设计人类学已经代表了一种独特的创造未来的方式，其特点是使用“包容的、集体的、公共的方法”（Pelle，Nilsson & Topgaard，2014），关注“动态情况和社会关系”。设计人类学认为社会和经济变革的驱动力不是“新”事物的创造，而是在人们日常“创造和改变环境”时的即兴创作（Gunn，Otto & Smith，2010）。

3. 不要将它与设计民族志混淆

设计人类学不应与“设计民族志（design ethnography）”或“民族志的设计（ethnographic design）”[1]混淆，后者侧重于民族志学家（不一定是人类学家）、设计师和设计研究人员之间的接触。在“民族志的设计”的对话中，引出了关于民族志的性质和误将该术语等同于田野考察的问题。英格尔德（2014）提到，人们一直分不清“民族志”和“参与式观察”之间的区别，前者的字面定义是“关于人类的描写”（2014：385），后者则记录了田野考察时与“他者”的相遇。英戈尔德认为，将民族志和参与式观察混淆为一体，对人类学“危害很大”（2014：383）。人类学界的内部和外部对该术语的大量滥用，可能已经导致民族志完全背离了它的根源（2014：383），而现在却是亡羊补牢，为时已晚。然而，英戈尔德的警告值得认真思考，因为他提出了“时间扭曲，它企图把我们与人会面的结果作为他们的先决条件。”他写道：

> 用民族志来研究与他者的相遇，就是把当下活动或事件的初期——正在展开的关系中即将发生的时刻——置于已经发生了的情景中研究。就好比当一个人正准备与他人面对面交流时，其中一个人已经转身离开了，这便使得交流（相遇）之前就站在那里的人们被遗忘了。
>
> （2014：386）

设计人类学是这种民族志描述的对立面，因为它持续关注动态的、初期的时刻，仿佛一个正在酝酿变革的熔炉。设计人类学以“可能的民族志”为框架（Halse，2013），一边改善人类学与设计学在时间取向上的差异，一边使民族志回归其本义。

4. 平行轨迹

两个区域集群代表了设计人类学的平行轨迹。其中一个发展轨迹以丹麦为中心，由一个专门的学者-实践者网络支持，他们目标明确，即把设计人类学发展成一种独特的知识生产形式，并通过协作和集体参与进一步推动研究议程。第二个发展轨迹在美国，但其关注度较低。大多数美国研究人员都与以丹麦为中心的网络有联系。

已建立的社区，如参与式设计（PD）会议和产业联盟中的民族志实践（EPIC）会议及其相关网站EPIC People（www.EPIC People.org/

about EPIC/），已经成为设计人类学家工作的论坛。这一新领域可能最终会被其中的一个或两个会议社区所吸收。至于是否有足够的精力和决心使设计人类学脱离这些成熟社区的轨道，现在下结论还为时尚早。

5．技术的挑战

设计人类学的许多案例都需要在相对较小的群体、社区和环境中进行田野考察。日益革新的技术给现场的田野考察带来了直接挑战，对此，设计人类学家该如何应对？例如，遍布仪器的世界和无处不在的传感器都给传统的田野考察带来了直接挑战。

Iota+Sapient Nitro[2]，一家先锋型的研究咨询公司，正在帮助企业试验用传感器持续收集数据，利用物联网（IoT）连接“大数据和日常生活之间的‘最后一英里’”。

我们无法确知未来将如何发展，因为当代世界的复杂构造正在不断变化中（Ong and Collier，2005）。通过拼凑人类学和设计学的方法和工具来“理解‘用户’”已经行不通了。设计人类学的承诺是，我们可以在集体经验的基础上进行创造，并不断地即兴创作，这样我们不仅可以观察，还可以看到日常生活中时刻都呈现出的无数种可能性，而每一种可能性都蕴藏着巨大潜力。我们现在所面临的挑战是塑造和改变现状，以及构想未来，而这可能已经超出了我们当前以人为本的设计理念。

注释

[1] 民族志与设计：相互挑衅（2016.10）是由CoLED机构来组织的，

CoLED是“一个就民族志和设计的未来进行创新性研究的交叉学科研究中心。”CoLED研究中心是由加利福尼亚大学发起的，其灵感来自乔治·马库斯的民族志“设计工作室”和保罗·拉比诺的“协作实验室”。http://CoLED.ucsd.cdu.

[2] Iota Partners and Sapeint + Nitro（访问于2016.8.3）. www.iota–partners.com/； www.sapientnitro.com/en–us.html#home.

参考文献

Douglas, Mary. 2002. *Purity and Danger: An Analysis of Concepts of Pollution and Taboo*. London: Routledge.

Ehn, Pelle, Elisabet M. Nilsson, and Richard Topgaard. 2014. Introduction. In Pelle Ehn, Elisabet M. Nilsson, and Richard Topgaard (Eds.), *Making Futures: Marginal Notes on Innovation, Design, and Democracy*, 1–13. Cambridge, MA: MIT Press.

Gunn, Wendy, Ton Otto, and Rachel C. Smith. 2010. Design Anthropology: Intertwining Different Timelines, Scales and Movements. 11th Biennial EASA European Association of Social Anthropologists Conference, Maynooth, Ireland, August 2010.

Halse, Joachim. 2013. Ethnographies of the Possible. In Wendy Gunn, Ton Otto, and Rachel Charlotte Smith (Eds.), *Design Anthropology: Theory and Practice*, 180–196. New York: Bloomsbury.

Ingold, Tim. 2014. That's Enough About Ethnography! *HAU: Journal of Ethnographic Theory*, 4(1), 383–395.

Ong, Aihwa and Stephen J. Collier (Eds.). 2005. *Global Assemblages: Technology,*

Politics, and Ethics as Anthropological Problems. Malden, MA: Blackwell Publishing.

Otto, Ton and Rachel C. Smith. 2013. Design Anthropology: A Distinct Way of Knowing. In Wendy Gunn, Ton Otto, and Rachel Charlotte Smith (Eds.), *Design Anthropology: Theory and Practice*, 1–29. New York: Bloomsbury.

Suchman, Lucy. 2011. Anthropological Relocations and the Limits of Design. *Annual Review of Anthropology*, 40, 1–18.

本书人名检索

- 大卫A. 米勒　David A. Miller
- 大卫·施奈德　David Schneider
- 戴安娜·福赛思　Diana Forsythe
- 戴尔·海姆斯　Dell Hymes
- 丹尼尔·米勒　Daniel Miller
- 道格拉斯&舍伍德　Douglas&Sherwood
- 德拉辛　Drazin
- 德勒兹　Deleuze
- 笛德&本珊特　Tidd & Bessant
- E.E.埃文思–普里查德　E.E.Evans–Pritchard
- 范·维戈　Van Veggel
- 费瑟斯通　Featherstone
- 弗兰克·劳埃德·赖特　Frank Lloyd Wright
- 弗雷德里克·泰勒　Fredrick Taylor
- 福比恩　Faubien
- 富尔顿·苏里　Fulton Suri
- G.M.福斯特　Foster，G.M.
- 冈恩　Gunn
- 高夫　Gough
- 格拉德威尔　Gladwell
- 格兰诺维特　Granovetter
- 格鲁克曼　Gluckman
- 瓜塔里　Guattari
- H. G. 巴奈特　H.G.Barnett

- 克里斯琴・马兹比尔格　Christian Madsbjerg
- 克里斯汀・米勒　Christine Miller
- 克利福德&马库斯　Clifford & Marcus
- 克利福德・格尔茨　Clifford Geertz
- 克罗斯　Cross
- 克亚斯高　Kjaersgaard
- 肯・里奥贝尔　Ken Riopelle
- 拉福尔斯　Rafols
- 拉米娅・马泽　Ramia Mazé
- 拉斯洛・莫霍利–纳吉　László Moholy–Nagy
- 莱德斯多　Leydesdor
- 莱夫　Lave
- 勒・柯布西耶（查尔斯–爱德华德–杰纳雷特–格里斯）
  Le Corbusier（Charles–Édouard Jeanneret–Gris）
- 雷蒙德・罗维　Raymond Loewy
- 雷切尔・C. 史密斯　Rachel C. Smith
- 里克・鲁宾逊　Rick Robinson
- 里特尔&韦伯　Rittel & Webber
- 理查德・麦肯　Richard McKeon
- 理查・谢克纳　Richard Schechner
- 丽兹・桑德斯　Liz Sanders
- 卢曼　Luhmann
- 鲁滨逊　Robinson
- 露西・萨奇曼　Lucy Suchman

- 皮特·A·格鲁尔　Peter A. Gloor
- 平齐　Pinch
- 普拉哈拉德和克里希南　Prahalad & Krishnan
- 乔·安妮·比查德　Jo Anne Richard
- 乔伊&帕克　Choi & P ak
- 乔治马库斯　George Marcus
- 让·弗朗索瓦·利奥塔德　Jean–François Lyotard
- 萨曼莎·邓普西　Samantha Dempsey
- 塞夫金　Cefkin
- 施瓦茨曼　Schwartzman
- 史密森尼　Smithsonian
- 斯里夫特　Thrift
- 斯坦利·阿罗诺维茨　Stanley Aronowitz
- 斯特拉森　Strathern
- 苏珊·利·斯塔尔　Susan Leigh Star
- 汤森·路透　Thomson Reuters
- 唐娜·哈拉韦　Donna Haraway
- 陶·乌尔夫·伦斯科尔德　Tau Ulv Lenskjold
- 特摩斯·德·瓦尔·梅勒菲特　Timothy de Waal Malefyt
- 托比亚斯·里斯　Tobias Rees
- 托恩·奥托　Ton Otto
- 托马斯·休斯　Thomas Hughes
- 瓦尔特·格罗皮乌斯　Walter Gropius
- 维克多·马格林　Victor Margolin